广西职业教育服装设计与工艺专业群发展研究与实践

汪薇　陈黔／等编著

GUANGXI ZHIYE JIAOYU FUZHUANG SHEJI YU
GONGYI ZHUANYEQUN FAZHAN YANJIU YU
SHIJIAN

中国纺织出版社有限公司

内 容 提 要

本书主要围绕对接广西纺织—染整—服装产业链开展的服装设计与工艺专业及专业群发展进行研究。将产业链的上游、中游、下游三个专业串联在一起，以服装设计与工艺专业为龙头，与本地行业、企业深度合作，推广数码印染技术，促进茧丝绸产业延伸，从丝绸数码印染到丝绸服装及家居产品、民族特色产品的开发销售，以服装终端产品承载丝绸印染深加工的改革，把服装设计与工艺专业群打造成为改革示范的优质品牌。

本书是一部职业教育理论研究领域的专著，具有一定的指导性，可供职业院校广大教师、职业教育教学研究人员、教学设计人员参考，也可作为职业教育专业研究生、本科生的辅助教材。

图书在版编目（CIP）数据

广西职业教育服装设计与工艺专业群发展研究与实践 / 汪薇等编著. -- 北京：中国纺织出版社有限公司，2021.9

ISBN 978-7-5180-6918-7

Ⅰ．①广… Ⅱ．①汪… Ⅲ．①职业教育 — 服装设计 — 人才培养 — 研究 — 广西②职业教育 — 服装工艺 — 人才培养 — 研究 — 广西 Ⅳ．①TS941.2②TS941.6

中国版本图书馆 CIP 数据核字（2019）第 238491 号

责任编辑：孔会云　　责任校对：江思飞　　责任印制：何　建

中国纺织出版社有限公司出版发行
地址：北京市朝阳区百子湾东里 A407 号楼　邮政编码：100124
销售电话：010—67004422　传真：010—87155801
http ://www.c-textilep.com
中国纺织出版社天猫旗舰店
官方微博 http ://weibo.com/2119887771
唐山玺诚印务有限公司印刷　各地新华书店经销
2021 年 9 月第 1 版第 1 次印刷
开本：710×1000　1/16　印张：14.75
字数：214 千字　定价：128.00 元

前言

2018年8月，广西纺织工业学校申报的《广西职业教育服装设计与工艺专业及专业群发展研究基地》获得广西职业教育第一批专业发展研究基地立项。该项目由广西教育厅举办，基地主要研究任务是有针对性地对广西壮族自治区职业教育专业改革与发展中遇到的重点、难点问题进行研究，提出改革建议，探索具有广西特色的人才培养模式，实现专业群资源共享，以打造广西一流专业群为目标，引领广西壮族自治区职业教育专业改革与发展。服装设计与工艺专业群发展研究基地项目经过三年的研究与实践，推出一批有价值的研究成果。研究基地团队着眼于与专业群建设相关的理论研究，积极发挥好基地的作用，在对接地方纺织服装产业链专业群人才培养和社会服务等方面做出一定的成绩，实现服装设计与工艺专业群发展研究和建设的预期目标，在校内、校外，本校和自治区内其他职业院校中起到示范引领作用。

本书作为项目理论和实践相结合产出的物化成果，主要围绕对接广西纺织—染整—服装产业链开展的服装设计与工艺专业及专业群发展进行研究。凝聚了研究基地团队半年的心血，以广西创新发展"九张名片"新思路——大力发展优势传统产业为机遇，将产业链的上游、中游、下游三个专业串联在一起，以服装设计与工艺专业为龙头，与本地行业、企业深度合作，推广数码印染技术，促进茧丝绸产业延伸，从丝绸数码印染到丝绸服装及家居产品及民族特色产品的开发销售，以服装终端产品承载丝绸印染深加工的改革，把服装设计与工艺专业群打造成为改革示范的优质品牌。

本书从六个模块十六个研究点进行深入剖析，模块一是服装设计与工艺专业群对接区域产业链研究，围绕对接广西纺织服装产业链的服装专业群人才需求进行调研分析；模块二是服装设计与工艺专业群教改建设研究，围绕专业群建设、专业群共享资源、专业群人才培养模式、课程体系构建、一体化教学工作页开发等方面展开研究；模块三是服装设计与工艺专业群辐射平台建设研究，围绕服装专业群的校内、校外辐射以及建设成果特色展开研究；模块四是服装设计与工艺专业群师资队伍建设研究，围绕专业群领军人才和师资团队建设展开研究；模块五是服装设计与工艺专业群开放交流研究，围绕校行企跨界共建共享与交流推广展开研究；模块六是服装设计与工艺专业群运行管理研究，主要对专业群建设机制展开研究。本书重在加强归纳、总结成功案例与经验，凝练研究特色，将对广西各职业院校专业群的内涵构建、资源优化与整合、示范引领起到较好的建设指导作用。

　　本书由汪薇、陈黔主要编写并统稿，兰翔、马宇丽、柏干梅、刘梅、郭葆青、李雯、陈秋梅、李江、梁雄娟、康静、何伟航、雷月转、姚洁参与编写。

　　由于编著者水平有限，书中难免有不妥之处，敬请读者批评指正。

编著者

2021年3月

目录

模块一　服装设计与工艺专业群对接区域产业链研究······························ 1

广西茧丝绸产业链发展调研报告 ······································· 2

服装设计与工艺专业群对接茧丝绸产业链分析报告 ············ 6

服装设计与工艺专业群人才需求调研报告 ··················· 12

模块二　服装设计与工艺专业群教改建设研究····························· 25

对接区域产业链的服装设计与工艺专业群建设研究 ·················· 26

服装设计与工艺专业群共享资源研究：共享课程开发研究 ········· 34

服装设计与工艺专业群共享资源研究：共享师资构建研究 ········· 39

服装设计与工艺专业群共享资源研究：共享实训基地建设研究 ········ 45

服装设计与工艺专业群共享资源研究：共享校企合作途径研究 ········ 51

服装设计与工艺专业群人才培养模式研究与实践 ·················· 56

服装设计与工艺专业群课程体系构建研究 ··················· 62

服装设计与工艺专业群共享课程一体化教学工作页的开发设计研究 ··· 68

附1　共享课程《纺织服装材料》一体化工作页 ··············· 74

附2　共享课程《民族图案设计》一体化工作页 ··············· 101

附3　共享课程《染织绣服饰品开发实训》一体化工作页 ········· 140

模块三　服装设计与工艺专业群辐射平台建设研究························· 169

服装设计与工艺专业辐射专业群的研究 ··················· 170

服装设计与工艺专业群对校内相关专业辐射作用的研究 ·········· 177

服装设计与工艺专业群对全区职业院校相关专业辐射路径的研究 ······ 183

服装设计与工艺专业群建设成果与特色研究 ……………………… 188

模块四　服装设计与工艺专业群师资队伍建设研究……………… 195
服装设计与工艺专业群教学团队建设研究 ……………… 196
服装设计与工艺专业群领军人才成长研究 ……………… 201
服装设计与工艺专业群研究团队的建设和管理 ……………… 207

模块五　服装设计与工艺专业群开放交流研究………………… 213
对接区域产业链的中职服装设计与工艺专业群校行企跨界
　　共建共享研究 ……………………………………………… 214

模块六　服装设计与工艺专业群运行管理研究………………… 223
校政行企参与共建的服装设计与工艺专业群建设机制研究 …………… 224

模块一
服装设计与工艺专业群
对接区域产业链研究

广西茧丝绸产业链发展调研报告

一、调研背景

2018年1月，《贯彻落实创新驱动发展战略打造广西九张创新名片工作方案（2018—2020年）》出台，精心打造九张在全国具有竞争力和影响力的创新名片。工作任务的第一项第4条就是探索传统优势产业"浴火重生"的新思路、新途径和新业态，推广数码印染，促进茧丝绸产业延伸。

广西纺织工业学校申报的《广西职业教育服装设计与工艺专业群发展研究基地》项目于2018年8月获批立项。为了更多地了解广西壮族自治区茧丝绸加工生产、家纺、服装等上下游配套的茧丝绸加工企业产业链现状，开拓校企合作渠道，项目组到区内具有代表性的广西茧丝绸企业开展调研，收集整理材料，校企洽谈共建产学研基地，合作开展新技术开发、技术服务、技术咨询、科技新成果展示等活动，购买坯绸原材料，为接下去丝绸深加工制造专业群人才培养新模式创建，课程体系构建，数码印制培训、开发广西民族特色的丝绸新产品做好前期的准备。

二、调研对象

1. 广西桂合科技有限公司

广西桂合科技有限公司成立于2015年3月，位于南宁市邕宁新兴产业园区，占地面积82.94亩，建筑总面积5万多平方米。主要生产丝绸制品，进行精加工的生产和销售，安装全新的意大利剑杆织机100台套。建成投产后生产绸缎500万米，捻线丝600吨，年产9.14万套件服装及家纺产品，年产值可达3.5亿元以上，上缴税金1500万元，新增劳动就业770多人，并列入邕宁新兴产业园区2015年重点项目工程开工之一，依托邕宁靠近南宁市区的有利条件，发挥交通、资金、人文、信息平台和企业的实力进行建设。

桂合科技有限公司整个产业园区及各个生产车间整体规划有序，设计气派，绿化很好，一改纺织或丝绸厂破旧不堪的印象，即将完成装修的展览大厅给人留下深刻印象，爱马仕、LV、GUCCI等几家世界顶级品牌箱包的里衬用的就是桂合科技有限公司生产的生丝原料。

2. 广西桂华丝绸有限公司

桂华丝绸有限公司主要经营生产销售：蚕丝绵、蚕丝被、服装、服饰、家用纺织品、广壮绉、民族工艺品，缫丝；鲜茧收购、烘烤，干茧收购销售，蚕具零售。随着织绸业务板块的投产，公司形成了基地示范、生丝加工、蚕丝被加工、高档绸缎生产四大业务板块，基本形成种养加工一条龙，更深入地推进当地茧丝绸一二三产业高度融合。2018年8月，广西桂华丝绸有限公司织造产业升级技改项目一期工程顺利投产，充分利用企业的生产规模和生丝品质为原料的优势，进一步研发高端产品，衍生丝绸产业链，增加产品附加值，提高企业和产品市场的核心竞争力。

3. 蒙山县丝绸工业园

蒙山县丝绸工业园管委会负责人带项目组前往丝绸工业园，分别参观了五丰丝绸有限公司、华虹丝绸有限公司、广西八桂蚕纺有限公司。华虹丝绸有限公司属于产业链上游企业，主要开展蚕茧收购与加工，白厂丝生产，真丝家纺面料织造、炼白、染色、印花等业务；五丰丝绸有限公司与广西八桂蚕纺有限公司均属于产业链中游企业，五丰丝绸有限公司专业生产丝绸面料、八桂蚕纺有限公司专业生产蚕丝被及丝绸产品。上游企业华虹丝绸有限公司初加工后的丝绸半成品，将会送往五丰丝绸有限公司及广西八桂蚕纺有限公司进行进一步加工，园区内部产业链完善，产品运输成本较低。蒙山县丝绸工业园处于产业链下端，丝绸服装制造等企业还缺乏，且园区内仅有两家丝绸服装生产公司，规模较小。

4. 宜州壮歌茧丝绸有限公司

壮歌茧丝绸有限公司是一家专业从事桑蚕种养和优质桑蚕丝被及真丝服装生产加工和延伸产品开发的生产与出售型企业，集养殖、收购、烘干、加工、销售为一体，主要经营蚕丝被、服装、饰品、床上用品的生产与销售、服饰生产技术研发、鲜茧收购与烘干、干茧购销、丝绵生产与购销、桑蚕副产品购销、农业项目的开发与农业产品的销售等。公司分为缫丝厂房、加工丝绸服装厂房，厂房破旧不堪，设备简陋，没有工人生产。店面销售各式真丝旗袍、家居服、蚕丝被、女时装、真丝服饰品等。看得出，这些丝绸产品都是用本地生产的生丝原材料运到浙江等地进行加工后贴牌，再运回本地销售。

5. 广西嘉联丝绸有限公司

嘉联丝绸有限公司是主要经营蚕茧、白厂丝、蚕丝被、丝绸、纺织产品、服装等。2003年创建以来，得益于国家农业产业结构调整和"东桑西移"工程优惠政策，嘉联丝绸有限公司充分利用宜州作为全国最大桑蚕生产基地县市的资源优势，已发展成为广西茧丝绸行业的重点企业，先后获得"广西农业产业化重点龙头企业""广西扶贫龙头企业""广西十佳茧丝绸加工企业"等认定。

目前，公司拥有自动缫丝生产线24组（9600绪）及配套设备，自动烘茧机3台，固定资产投资9600多万元，年加工干茧2400吨，生产白厂丝700吨，桑蚕丝被5万床，2011年度总销售收入14650万元，生产的"绮源"牌白厂丝质量稳定，满足了电力纺等高档面料对经线丝的要求，填补了广西不能生产高档经线丝的空白。随着国家产业结构调整的不断深入，广西茧丝绸行业凭借独特的气候条件将迎来更好的发展机遇。公司规划逐步向捻丝、织绸、丝绸家纺等精深加工领域投资，建设适度规模的高质量茧丝绸加工自营出口企业。

三、现状调研分析

通过对广西五家茧丝绸企业的走访调研，项目组发现了以下三个问题：

（1）广西壮族自治区蚕茧产业从种桑养蚕开始，发展有缫丝、纺丝、织造等环节，生产有原白、彩色蚕丝，可以进行经纬线的加捻，生产弹力线，织造的品种基本都是常规品种，如双绉、斜纹绸、素绉缎，个别企业增加了弹力丝，能织造弹力双绉、弹力素绉缎，重磅双绉、重磅素绉缎也有少量生产。对于难度高的电力纺、乔其纱、东风纱没有生产，所有企业都没有提花龙头，没有生产提花绸。

（2）由于丝绸印染处于空白，致使成品价格高于江浙等地的同类产品，在市场上的竞争力较弱。广西目前还没有丝绸练白、染色生产企业，广西生产出来的坯绸全部要运到江浙、四川、深圳等地加工，然后销往当地，这就造成广西的生产企业只顾织绸，成品的质量要到江浙等地的企业，练完之后才知道，反馈滞后，无法及时把控质量，可能会因为没有及时得到质量的反馈信息，造成生产与质量的严重脱节，给企业造成极大损失。现在企业已经意识到问题的严重性，正在进行建设练白企业的研讨，希望广西早日解决这个瓶颈。

（3）项目组通过调研了解到，广西的蚕、桑良种繁育技术与种养技术已达到国际先进水平，对蚕茧收购价具有一定的话语权，但在丝绸产品上，却成了"哑巴"。"产业链完整、产业集群高度聚集"这一要素，是广西最大的"短腿"。丝绸服装基本没有企业生产，产品的设计能力与发达地区相比有较大差距，末端产品有蚕丝被、少量家纺及服装，每个缫丝厂都生产加工丝绵被，丝绵被的生产技术已经非常成熟，企业都是充分利用缫丝的下脚料生产丝绵被。目前，全区共有88家茧丝绸加工企业，却只有8家企业能够织绸，针织、染整、服装加工、丝绸贸易企业更是缺乏。

四、调研结论

近年来，广西注重加强产业规划，通过优化投资环境，增强服务意识，加大招商引资力度，吸引了一批茧丝绸深加工企业到广西投资，并陆续建成投产。现有丝绸企业105家，其中缫丝企业89家，织绸企业13家，绢纺企业1家，丝绸家纺（丝绵）2家；有自动缫丝机1030组，丝织机444台，其中剑杆织机380台，先后培育了晟容、桂华等生丝名优品牌，打造出思福祥、尚尚蚕、鑫源、桂华等丝绸服装品牌。

（1）经过近几年的努力，广西织绸生产方面已经积累一定的经验，随着生丝质量的提高，在一定程度上满足了高速剑杆织机所需的高品质生丝需求，只要进一步重视和提高原料质量，加快发展真丝绸印染，积极发展丝绸练白项目，广西就有可能迎来一次"东绸西移"的发展高潮。蚕桑业作为广西壮族自治区承接东部产业转移最成功的产业之一，织绸加工刚起步，产业链还不完整，发展空间很大，进一步扩大蚕桑生产、蚕丝生产规模和产量，大力发展丝绸深加工。做大做强广西丝绸产业，一定要发展丝绸深加工，延长产业链，有条件的地区可以重点发展织绸和丝绵生产。

（2）在今后的一段时期内，广西应当进一步发挥西部地区的后发优势，积极促进资源整合，在充分吸收高新技术的前提下，重点扶持一批优质高效的丝绸主导企业和出口加工基地，"东西合作"，不断提高西部地区丝绸企业的加工、出口创汇能力，辐射带动周围地区的发展。东部地区则要提升丝绸生产的科技含量和深加工水平，以中西部优质蚕丝为原料，大力推动东部地区丝绸产业的综合开发，提高丝绸产品的附加值。

（3）通过大力开展技术改造和产品创新，推动缫丝、织绸、针织、服装、家纺、贸易等快速发展，加快丝绸产业新技术开发应用和信息化改造，发展电子织造、数码印染等丝绸新技术，不断促进丝绸产品质量和稳定性的提升，使产业链得到进一步拓展延伸，创造规模效益。

服装设计与工艺专业群对接茧丝绸产业链分析报告

一、广西茧丝绸产业发展与现状

"十一五"以来，国家实施"东桑西移"工程，促进了"东丝西移"，"东绸西移"推进也在进行中；茧丝绸业在广西已成为优势比较突出、带动辐射面广、发展势头强劲、市场潜力较大的新兴农工贸产业。"十三五"期间，广西壮族自治区丝绸工业加速发展，已经成为国内、国际茧丝绸业最具发展潜力的地区之一。

茧丝绸产业链包括蚕种培育、种桑养蚕、鲜茧收烘、干茧流通、缫丝织绸、印染加工、成品制造、多元利用等农工商贸各环节，涉及一二三各产业。广西茧丝绸产业区域的定位是：全世界最大茧丝生产基地，适时延伸产业链，拓展产业发展空间，提高生产技术水平。

1. 桑蚕茧丝绸领域在我区经济建设中的地位与作用

在自治区党委、政府出台的《关于做大做强做优广西工业的决定》及40个配套文件中，明确提出纺织服装与皮革产业为优先重点发展的14个千亿元产业之一，其中，茧丝绸产业是目前广西纺织服装与皮革产业中的支柱，在纺织服装与皮革产业中占有重要的比重。丝绸产业是"一带一路"的文化载体，具有丰富内涵。自治区党委、政府把它列为11大新兴优势产业之一，列入打造广西九张创新名片主要内容之一，是广西壮族自治区特色优势和农业增效、农民增收重要产业。

但是，广西茧丝绸产业存在产品品种较单一、产品附加值不高、科技含量较低、利润不合理、产业链不够长的问题。造成这种局面的根本原因是缺少工业产业龙头及相关研究平台的支撑。茧丝绸深加工产业发展的相对滞后将使蚕农辛苦的劳作得不到应有的回报，是阻碍桑蚕养殖业进一步发展的根本因素。长此以往将会影响广西希望通过发展茧丝绸产业打造广西新的支柱产业和经济增长点的规划的实现。

2. 茧丝绸产业结构的优化升级

广西壮族自治区政府在2020年的工作规划中指出，今后一段时期，广西纺织工业主要集中在茧丝绸、服装、家用纺织品等行业，促进就业，承接发达地区比如广东、江苏等地的相关产业转移和延伸产业链，尤其在丝绸、服装这两个行业。广西茧丝绸加工仍以缫丝为主，生丝品质以4A级为主，5A～6A比例仅占30%左右，6A以上高品质生丝占比更少，无法满足高速剑杆织机所需的高品质生丝需求；织绸刚起步，丝绸染整加工、制衣等领域几乎是空白。发展茧丝绸产业，不是简单地照搬东部生产模式，而是创造性地引进、吸收茧丝绸生产技术和装备，同时注意资源的深层开发和环境保护问题，需要结合广西茧丝绸产业发展的实际需要，把绿色生产、延长产业链、提高产品附加值作为行业的共性和关键技术来研究，达到升级产业的目的。

3. 广西茧丝绸产业链延伸

加快丝绸行业关键共性技术攻关和产业化，尤其是丝绸智能装备、印染后整理等技术装备的攻关研发；推进茧丝绸资源综合开发，加快高档真丝绸产品和含丝纺织产品开发，改善丝绸产品结构，推动丝绸产品更新换代；加强丝绸产品时尚创意设计，继承丝绸传统工艺和技法，设计开发具有民族特色和时尚风格的功能性丝绸服用、家用、装饰用高档丝绸产品，积极拓宽市场领域。

二、专业群对接茧丝绸产业群

广西茧丝绸产业链的延伸，需要大量的专业技能型人才作为支撑。广西纺织工业学校是西南地区唯一一所有完整纺织、染整、服装专业的中职纺织学校，以往培养的学生多数到纺织产业发达的地区就业。

根据国家及区域经济发展的定位及需求，广西纺织工业学校紧抓服务区域经济发展的新机遇，结合学校的专业特色，跟踪广西茧丝绸产业链发展趋势，以产业群布局为依据来建设专业群，动态优化专业群内的专业布局调整，组建以优势专业"服装设计与工艺"为核心、与"纺织技术""染整技术"专业相联动的大服装工艺与设计专业群，创新地构建一种新的教学体系，为广西茧丝绸产业群提供人才支持。

1. 茧丝绸产业群

以"缫丝→织绸→丝绸染色印花→服装、家纺及营销"为主线。丝绸企业急需提升的关键技术：织绸、数码印花、丝绸服饰及家纺制品开发及销售。

2. 服装工艺与设计专业群

纺织技术是产业链上游专业，染整技术是产业链中游专业，服装设计与工艺专业是产业链下游专业，也是专业群里的核心专业和龙头专业（图1-1）。

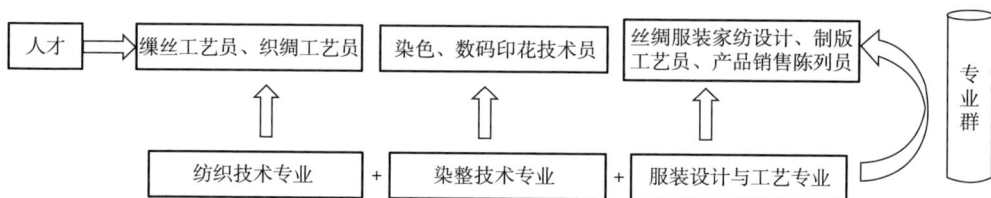

图1-1　专业群

3. 制订专业群人才培养方案及培养目标

根据茧丝绸企业人才培养需求，结合中职办学特点，梳理出具有可行性的专业群人才培养方案及培养目标。

（1）培养丝绸后加工人才（数码印花），开展茧丝绸深加工新技术研究及新产品开发。

（2）培养具有丝绸最终产品设计及制作能力的、具有线上线下产品销售能力的人才。

（3）开展广西民族元素丝绸产品的研制与数码印花产品的产业化，培训丝绸企业在岗员工，服务企业员工提升技能。

三、专业群对接茧丝绸企业群，产教融合协同育人

广西纺织工业学校的纺织技术、染整技术专业是广西中职院校唯一的专业点，服装设计与工艺专业是广西中职院校服装设计与工艺的龙头专业。广西纺织工业学校服装设计与工艺专业群与产业群的紧密对接具有得天独厚的优势，为广西茧丝绸产业群提供智力支持是学校义不容辞的责任。

1. 纺织技术及营销专业对接缫丝及织绸企业

广西缫丝及织绸企业从业人员多数是文化水平较低的本地农民工，他们往往只掌握简单的设备操作就上岗了。缫丝、织绸企业为了提升产品等级质量，需要大量操作技能好、有质量管理能力的一线工人。专业教师团队对接缫丝企业开展工人培训，可以解决企业对缫丝织绸人才的需求，为企业提供生产、技术、基层

管理人才保障。

纺织技术专业人才的培养目标是：面向纺织生产企业、纺织品检测机构和纺织品贸易企业，培养德才兼备、适应纺织企业转型升级要求，能够胜任纺织行业生产管理第一线工艺设计、面料设计、质检、检验、跟单、销售等工作岗位的综合型实用专业人才。

在专业群建设中，针对上述问题，开发"民族织锦"课程资源，培养专业群内学生对纺织品所蕴含的民族文化的认同，主动学习丝织产品设计及制作工艺。在每年举办的全国高职高专"面料设计"大赛中，纺织专业学生设计的民族元素织锦面料均获得好评，检验了学生的设计制作能力。以学校自有商标"绣织坊"开发纺织服饰产品，开发具有民族元素的织锦产品面料设计实训项目，实现专业群内的专业联动。

2. 染整技术专业对接染整企业

近年来，广西平南、贵港、玉林等地区大力发展纺织产业，计划承接广东大湾区东部产业，建成集针织、毛织、印染、后整理、水洗、服装、制衣、销售、物流于一体的完整产业链，打造一个绿色环保、节能循环的大湾区科技生态纺织产业园。平南计划建设全纺织产业链的工业园区六个：大成工业园区、武林工业园区（对接佛山张槎的纺纱、织布企业）、大安工业园区（服装、工装定制园区）、大新工业园区（以童装、女装为主）、马旦工业园区（对接桂平木乐服装企业）、临江源工业园区（引进品牌服装，如李宁、波士顿等）。

目前在建的大成工业园区占地13000亩，计划引进投资400亿元，产生产值600亿元，税收20亿元。主要是染整产业，还有纺纱、织布、服装生产区。在建的热电厂和污水处理厂（目标20万吨/日，在建设10万吨/天）已签约255家。广西纺织印染企业急需纺织、染整熟练工和技术人才。

染整技术专业人才培养目标是：培养具有染整技术专业领域必备的基础理论知识和专门知识、良好的职业素养和职业技能，面向广西壮族自治区内外主要纺织品生产地区的染整加工企业及相关行业，主要从事染色打样、印花打样、数码印制、面料检测、染整测试和染整跟单等生产一线工作的技能型人才。

染整专业人才培养可以解决广西的染整企业对一线生产性技术人才的需求，为广西缫丝织绸企业生产、技术、基层管理人才提供保障。

同时，染整专业与作为丝绸行业的领军研究型企业——广西绢麻纺织科学研究所有限公司进行校企合作，共建丝绸数码印花实验室，引入丝绸数码印花加工设施，逐步配套形成试验加工能力，为丝绸数码印花课题、印花工艺技术研究工作的开展提供了条件。

在印染专业的课程构架上，根据丝绸企业人才需求，加大丝绸后加工技术的教学，着力开展"数码印花"课程的开发，实施项目化教学，将具有民族元素的丝绸数码印花产品制作作为实训项目，学校、企业人员共同参与实训教学，学生全程参与生产过程，学习专业技能和企业生产质量管理流程，提升工作能力。

3. 服装设计与工艺专业对接丝绸服装企业

近年来，丝绸制品从传统的服装、被面转向服装、围巾、领带、家纺、艺术品等新品类，品种多样、款色时尚，通过线下实体店和线上网店的共同营销，来提升产品吸引力。丝绸企业需要具有创新创意能力，在丝绸文化产品的设计、开发、生产、营销方面有特长的技能型人才。

服装设计与工艺专业主要面向服装行业、企业，培养从事服装产品设计、制版、工艺、营销与陈列等工作，具有较强的服装设计及制作能力，具备良好的职业道德、社会能力、继续学习能力和创新精神，适应生产、服务一线工作需要的德、智、体全面发展的高素质劳动者和技能型人才。毕业初期能胜任设计助理、制版助理、样衣工、工艺员、导购员、陈列员等岗位，8~10年后能胜任设计师、制版师、工艺师、样衣师、店长、陈列师等岗位。服装设计与工艺专业对接丝绸服装企业，改革课程内容，以民族服饰产品开发、线上线下服装陈列与销售等关键技能为实训教学项目，培养丝绸服装企业所需人才。

4. 各专业联动对接丝绸产业群

专业群内专业联动，与企业合作开发丝绸文化用品，服务丝绸企业，协同培养企业所需人才。通过专业群内共建共享"面料设计与检测""民族织锦""数码印花""民族印染""产品销售陈列"等课程资源，对接丝绸企业岗位关键技术。通过"丝绸服装家纺数码印花产品设计开发""民族织锦服饰产品设计开发"等实训项目实施专业联动，专业群内的教师、学生共同参与开发生产，培养跨专业、复合型人才。

四、结语

服装设计与工艺专业群的组建，立足于学校原有的优势专业，与广西蚕丝绸产业需求及发展趋势高度契合，与所对应产业链中的职业岗位群紧密对接。通过专业群建设，搭建专业群组织管理机构，实现了专业群内的专业联动，推进了专业群内教学团队、实习实训条件、教育教学资源、专业群资源共享机制协同建设。

服装设计与工艺专业群人才需求调研报告

一、调研目的

为了更多地了解广西壮族自治区茧丝绸加工生产、家纺、服装等上下游配套的茧丝绸加工企业产业链现状，进一步了解自治区内外纺织、染整、服装产业发展的动态趋势，交流探索学校人才培养和企业人力资源需求协作、开拓校企合作渠道，更多更好地获取对接区域产业链的服装专业群人才需求信息，有必要开展多方向、多渠道的专项调研。通过调研，收集行业、企业对中职服装设计与工艺专业群的人才需求状况，分析了解对接产业链的纺织服装岗位群设置，明确专业群学生职业岗位能力与素质结构的要求，提炼典型工作任务及其应具备的核心职业能力技能，准确定位广西纺织工业学校专业群人才培养方向和人才培养层次，确定专业群人才培养模式，为下一步专业群人才培养方案的制定、专业群课程体系建设奠定了基础。

二、调研基本信息

（一）调研对象与内容

调研对象和内容见图1-2和表1-1。

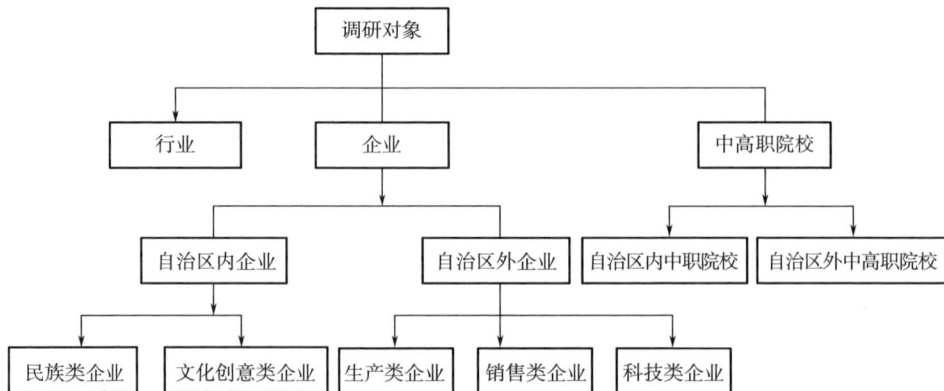

图1-2　调研对象

表1-1　调研内容

		调研行业名称
1. 调研行业		中国纺织服装学会、广西服装行业协会、广西织绣协会、南宁职业技能鉴定指导中心
2. 调研企业		调研企业名称
纺织类企业	自治区内企业	（1）文化创意类企业 广西壮宏文化发展有限公司、源馨壮锦苑、忻城土司府、大夫第织锦展示中心
		（2）生产类企业 广西桂合科技有限公司、广西桂华丝绸有限公司、五丰丝绸有限公司、广西八桂蚕纺有限公司、华虹丝绸有限公司、广西嘉联丝绸有限公司、贵港平南工业园
	自治区外企业	（3）生产类企业 广东东莞市以纯集团质量检测中心、惠州南旋毛织厂有限公司
染整类企业	自治区内企业	（1）生产类企业 广西立泰隆针织印染有限公司、贵港平南工业园
	自治区外企业	（2）民族技艺类企业 贵州丹寨宁航蜡染有限公司
		（3）生产类企业 广东中山市四维纺织科技有限公司
服装类企业	自治区内企业	（1）文化创意类企业 广西物博文化传播有限公司、广西贺州过山瑶文化创意有限公司、恭城瑶族博物馆、柳州彩云苗艺商贸责任有限公司
		（2）生产类企业 广西壮歌茧丝绸有限公司、桂平市对克运动休闲服饰有限公司、桂平木乐服装工业园、贵港平南工业园
	自治区外企业	（1）销售类企业 深圳市惠购商业股份有限公司、东莞市新佳娜服饰有限公司、广州K11商圈、深圳市惠购商业股份有限公司、东莞市新佳娜服饰有限公司、深圳市灵智数字科技有限公司（天虹&腾讯）智能零售实验室
		（2）科技类企业 深圳市雪仙丽科技文创中心、深圳市友范网络科技有限公司、深圳格林兄弟科技有限公司
3. 调研院校		调研院校名称
中高职院校	自治区内院校	广西经贸职业技术学院、南宁职业技术学院
	自治区外院校	广州纺织服装职业技术学校、广州市财经商贸职业学校、杭州服装职业高中、平湖职业中等学校、广东省轻工业技师学院、广东职业技术学院、杭州职业学院达利女装学院、浙江纺织服装职业技术学院

（二）调研方法和途径

1. 文献法

通过查阅文献资料以及网络资源，收集纺织、染整、服装专业群教学和职业资格标准等资料，为教学模式的构建提供依据。

2. 访谈调研法

通过参观、走访企业及学校，与人事部门经理、生产研发部门技术人员、专业教研室主任、专业教师交流座谈，针对性地提出问题并做详细记录。

3. 调查问卷调研法

通过纸质问卷、电话问卷、网络问卷、座谈问卷、毕业生调查问卷等，对行业从业人员进行问卷调查，获取相关信息。

4. 参观法

通过到区域内相关行业企业参观、到中高职院校考察学习专业群建设经验，获取相关资料信息。

5. 数据对比分析法

通过对调研所得数据的对比分析，确定中职服装设计与工艺专业群培养目标方向。

三、调研分析

（一）行业发展现状与技术发展趋势

1. 全国纺织服装行业发展现状

（1）产业链的提出。纺织服装专业市场产业已经构成基本产业链，生产企业仅是产业链中的一部分。纺织服装专业市场竞争力的发展促使专业市场产业的价值链逐步成形。专业市场的相对竞争地位是针对处于产业价值链同一环节的市场而言的。

纺织服装专业市场产业链的提出，在很大程度上确定了纺织服装专业市场未来的地位和作用。对推动纺织服装专业市场又好又快地发展具有深远的意义。纺织服装专业市场产业链包含四层含义：一是专业市场产业链的产业层次；二是专业市场产业链的关联程度；三是专业市场产业链的资源利用；四是专业市场产业链的需求程度。由于纺织服装专业市场产业的特殊地位和环境要求，开始由单一批发产业要素不断向横向和纵向延伸，形成完善的专业市场产业链。

（2）产业优势。从原料供应、设计研发到纺织染加工、三大终端制造、品牌运营零售，中国纺织工业已经形成了全球体量最大、最完备的产业体系。这保障了行业的独立性与安全性。以此为基础，纺织行业是中国为数不多的具有全产业链闭环创新能力的工业部门。技术创新、流程创新、产品创新、模式创新得以快速产生和应用转化。文化创意属性使得行业沉淀了大量的设计、创意、IP等资源。体系化创新优势使得中国纺织工业正日渐成为全球纺织产业创新的重要来源。

（3）聚焦数字化创新。以数字经济为底色培育产业新动能。数字化、网络化、智能化是经济技术变轨的大趋势。数字经济的融入赋予产业重新架构比较优势、实现"非对称"赶超的机遇。一方面要强化行业信息基础设施、融合基础设施、创新基础设施的建设。加快发展行业级、企业级工业互联网平台和大数据中心；另一方面，围绕智能化装备、智能化运营、智能化产品、智能化服务强化应用创新。推动产业组织方式与市场连接方式的数字化转型。大力发展互联制造、大规模个性化定制等制造新模式，打造智慧化、柔性化供应链。进一步提升电子商务在行业应用的广度和深度，培育直播经济、平台经济、共享经济、社群经济等新业态、新场景。

2. 广西纺织服装行业发展现状

（1）2018年1月，广西政府办公厅关于印发《贯彻落实创新驱动发展战略打造广西九张创新名片工作方案（2018—2020年）》。方案瞄准广西经济社会发展需要和重大科技需求，充分汇聚创新资源，凝聚创新力量，集聚创新优势。工作任务的第一项第4条就是探索传统优势产业"浴火重生"的新思路、新途径和新业态，其中的推广数码印染，就是促进茧丝绸产业的延伸。

（2）桂工信轻纺〔2019〕470号《广西轻工业振兴方案》指出，推动玉林、来宾水洗印染产业发展，完善扩大玉林（福绵）节能环保生态产业园、推动来宾三江口节能环保生态产业园建设，支持桂林、梧州、防城港发展服装产业，推进桂林溢达九美桥时尚园、梧州天纺纺织智造供应链环保产业园、防城港市东兴跨境经济合作区纺织服装产业园建设。

（3）2021年举办的"海上丝绸之路纺织服装时尚大会"，是以政府引导支持、行业组织参与、市场专业化运作的国际经贸文化交流活动。通过举办时尚峰会、招商洽谈、时尚展览、时尚赛事等活动，促进国内外商业资源、产业要素、人才智库的交流集聚，推动民族文化融入服饰，挖掘打造中国本土品牌；通过

"海上丝绸之路纺织服装时尚大会"实现"展现本土品牌，扶持本土基地，让民族走向世界"的目标，为广西纺织服装时尚产业高质量创新发展营造良好的产业生态。

（二）企业发展现状与技术发展趋势

1. 自治区内企业

（1）纺织企业。构建创新型产业集群，发展纺织服装产业链。

广西贵港纺织服装时尚新区立足贵港、根植两广、面向全球，是具有国际影响力的创新型产业集群。将以"一年打基础、三年上规模、五年冲千亿、十年再翻番"为战略目标，力争用10年左右的时间，实现纺织服装工业总产值1500亿元、带动100万人就业的发展目标，着力打造成广西纺织服装产业核心区、示范区。

平南县大力实施"工业兴县、工业强县"战略，重点打造纺织服装、木材加工、水暖五金三大产业，坚持以纺织服装为主导，以建设全国纺织服装行业典范为目标，以世纺集团、莞南集团等重点企业和纺织工业园为载体，整合资源、提升水平、优化结构、拉长链条、打响品牌，全力打造贵港纺织特色小镇联盟，初步构建纺织服装产业集群。

（2）染整企业。大力发展真丝织造，加快推进延伸丝绸产业链。

广西是最具有可能承接的基础。理由之一是原料充足，二是靠近广东深圳终端市场，有利于业务开展。广西已具备大力发展真丝织造、加快推进延伸丝绸产业链的条件。加快产品技术改造，实现丝绸产品升级。当前，发展高新技术是我国丝绸产业发展的重要途径。在对纺织设备进行现代化改造的同时，要鼓励产品创新和差异化生产。要加快丝绸产业新技术开发应用和信息化改造，发展电子织造、数码印染等丝绸新技术，不断促进丝绸产品质量和稳定性的提升。提高行业科技水平、加强技术研发和自主创新能力。我国丝绸业应学习发达国家的先进技术，同时，还要倡导节能降耗、清洁生产，解决丝绸印染后的能耗以及环境污染等问题的制约，大力发展绿色、生态丝绸。丝绸企业还要延长产业链条，创造规模效益。

（3）服装企业。打造"中国—东盟体育运动休闲服之都"。

广西桂平木乐镇规划建设了木乐服装产业园，园区面积5000亩，统一规划，分三期建设。同时，淘汰落后产能，购进先进设备。目前，木乐镇已形成了纺纱—织布—印染—绣花—织罗纹—松紧带—设计—制作—销售全产业链，全镇共有330多家服装企业，注册服装品牌86个，年产休闲运动服装1亿多套。

（4）民族服饰企业。挖掘本土民族元素，创新设计区域特色产品。

目前，具有广西本土民族特色、地方特色的旅游纪念品、民族服饰手工艺品的品种还是比较少、比较单一的，因此可以依托广西各少数民族的地域资源，为广阔的旅游市场设计和生产富有广西民族特色的旅游产品，满足旅游市场对富有地方特色民族服饰及装饰工艺品的迫切需求。广西与东盟国家的文化交流日益频繁，各种独具民族特色、地方特色、艺术特色的馈赠礼品与旅游纪念品不断涌向市场，业内人士越来越重视对民族服装服饰以及东南亚民族服饰产品的设计和开发。

2. 自治区外企业

（1）纺织企业。珠三角的惠州南旋毛织厂有限公司、中山市联兴服饰有限公司等针织企业都在逐渐转型升级，由以前的单纯代工向集产品开发、市场引导和代工生产于一体的综合性生产企业转化，急需相应的吓数设计、画花，跟单、买手等专业技术型人才，且各公司都表示愿意提供培训机会，培养学生成长为独当一面的技术人才，希望学校能配合发掘一批具有吃苦耐劳、积极进取、乐于学习的学员进行培养。

（2）服装企业。

①服装消费将无限接近"私人定制化"和"个性化"。"90后"和"00后"组成的潮流新人群对互联网有很高的依赖性，传统纸媒的媒介渠道已经无法引起他们的关注了。对于服装行业来说，品牌或终端店铺可以成为自媒体，建立自己的朋友圈，与顾客进行多方位的互动，培养顾客的忠诚度。服装业从商品时代回归产品时代，商品的性价比将进入一个极致的时代，消费者不再为过多的溢价买单，更愿意为爱好和兴趣买单。

②短视频和直播成为一种新的传播渠道。互联网工具的兴起让自建流量成为可能，如快手、抖音。如今短视频大行其道，很多服装品牌已经开始从短视频平台导流，在互联网时代，过硬的产品固然重要，但多元化的传播渠道也是供应链中不可或缺的环节。短视频和直播作为一种新的传播渠道，将会成为未来几年里较流行的宣传模式。

③现代大数据化的智能零售。深圳市的一些数字科技有限公司智能零售实验室能监控每一个区域的实时销售情况与业绩，在主屏幕上能清晰显示数据和人流量；开发的许多小程序服务会员，真正做到了引流及导流，针对语言开发、数据

库分析、服务管理、监控等进行各种数据分析归纳，为顾客的前端能力（超市到家、优惠券、直播、扫码购、支付有礼、社群工具等）奠定了数据基础，能实时了解国内的消费水平和购买潜在欲望。

（三）中高职院校办学的发展现状与趋势

1. 自治区内院校

中高职衔接已全面展开，根据自身情况及家庭情况，很多学生毕业后会选择继续读高职，建立了中高职培养目标和规格的衔接制度。中等、高等职业教育在培养目标和规格上有许多共性，衔接教学中坚持职业教育的职业性、实用性、技能性等特点，同时又有所侧重，中职培养技能型人才，强调经验层面的知识和技能积累，高职培养高端技能型人才，以创新人才培养模式为抓手，着力解决中高职衔接中存在的核心问题。

2. 自治区外院校

（1）人才培养模式应加强产训融合，与本地企业深度合作。杭州职业技术学院围绕产业链、创新链、人才链、教育链的融合，建成多个与杭州主导产业和主流企业深度合作的特色产业学院，深化校企合作内涵，探索"行企校合作"模式。浙江纺织服装职业技术学院伴随着宁波服装产业共同成长，坚守"时尚科技、匠艺相生"的办学理念，为宁波服装产业的自主创新提供源源不断的人才与技术支持。

将真实产品项目引进教学，将学校资源与企业资源进项整合，为专业发展及人才培养服务，建议产训融合，寻找合适的企业和产品进行合作与教学。以专业和地方产业为纽带，与行业、企业建立紧密联系，推进教学方法和人才培养模式改革。

（2）加快销售、陈列课程的开发，形成"研、产、销、展"专业群互动课程。销售与陈列课程是服装展示与礼仪课程的核心课程，市场对服装销售人员及陈列师的需求仍有很大缺口，应针对企业对营销人员的需求开设相关课程，与企业需求接轨，结合市场需求加入服装网络营销课程、直播课程，培养优秀的服装销售类人才，在本地服装专业教学中起到引领示范作用。作为专业群的下游产业，与其他专业课程形成"研、产、销、展"专业群互动课程。

（四）专业群技能人才需求状况与岗位要求

通过对自治区内外纺织、染整、服装行业、企业及院校调研，参考产业群企业各岗位的工作职责与要求，将适合专业群中职毕业生从事的主要岗位及岗位要求归纳整理如表1-2所示。

表1-2　专业群岗位名称及其要求

专业群岗位名称		专业群岗位要求
一、纺织面料工艺类	面料设计员	1. 根据产品风格和市场需求，把握产品的方向，完成款式设计，设计纺织面料的绣花图案、印花图案 2. 具备面料知识，了解面料材质特性，熟悉面料制作工艺
	纺织品检验员	负责纺织品相关的实验测试，鉴别不同纺织材料，合理使用纺织材料
	跟单员、业务员	负责纺织面料接单、跟单、业务、纺织品外贸等工作
	工艺设计员	负责缫丝、丝绸织造、丝绸染整生产工艺
二、数码印花工艺类	染色打样员	根据印制对象和印制图案进行图案分色处理和印制操作
	印花打样员	1. 把控好品牌的图案定位及风格，确保二次工艺的品质及合理安排制作工厂 2. 配合服装设计团队完成产品开发部分的平面图案设计，根据面料性能及样房的正确纸板对图案的细节进行处理
	数码印制员	1. 运用专业设计软件进行数码印花图案的定位、裁片印制 2. 负责数码印刷机的操作，熟练掌握数码印刷机的特性及产品特性
	面料检测员	负责大货面料理化性能检测并出具检测报告、面料和成衣的送检工作，负责面料生产过程中产品品质的检查及控制，确保产品质量
	染整测试员	操作相应的设备，检测面料性能，色牢度、面料磨损、缩水率、起毛起球等
三、服装设计与工艺类	服装设计助理	1. 配合设计师准备相关设计资料与样板辅料，设计材料和设备的筛选 2. 配合设计师完成设计图样及深化合作 3. 根据市场销售、设计、组合流行元素，开发延伸新款
	面辅料采购员	1. 配合设计部采集辅料、配料样板 2. 买板及大货采购 3. 分类梳理样板、存档、跟进
	服装制板助理	1. 根据制版师提供的板按要求进行放码作业 2. 负责样板的修改与完善
	样衣工	1. 根据设计师的款式图和纸样独立熟练完成样衣的缝制 2. 负责核对样衣生产制单和客户的要求，发现技术问题或有不明之处，与设计师、打板师、工艺师沟通确认
四、民族服饰品设计制作类	手工工艺员	1. 根据本地区域服饰风格特征设计民族风格服装及服饰品 2. 根据设计图稿制作民族风格服饰板型 3. 根据设计图稿制作出民族服饰品

续表

专业群岗位名称		专业群岗位要求
五、产品销售与陈列类	产品导购员 产品陈列员 店长助理	1. 回答顾客的咨询，了解顾客的需求并达成销售 2. 负责货品销售记录、盘点、账目核对等工作，按规定完成各项销售统计工作 3. 做好货场、货品的陈列以及安全维护工作，保持货品与助销用品摆放整齐、清洁、有序 4. 正确传达和带头执行店长下达的各项行政指令
	产品网店客服员 网店销售员	1. 负责公司各项业务的信息更新、业务订单处理、售后跟进等 2. 通过在线聊天工具与客户沟通，了解客户的需求，导购，解答顾客对产品的疑问，推销产品，促进订单的交易 3. 订单确认处理、跟踪以及解答客户在订单过程中的疑问，网络留言回复，协助库房发货 4. 独立完成网上处理退货退款等日常售后工作，并解决一般投诉

（五）专业群技能人才综合职业能力要求

在这次服装专业群人才培养调研问卷中，项目组专门设计了中职院校纺织、染整、服装专业毕业生综合职业能力要求方面的问题，期望从中获取企业对专业群人才培养具体要求的相关信息。调查结果如表1-3所示。

表1-3 企业对中职毕业生人才评价表

类别	企业评价（%）			
工作态度	优秀	良好	一般	较差
人际关系	30	50	15	5
诚实守信	35	55	10	0
团结协作	30	45	25	0
分析能力	15	30	35	20
创新能力	5	25	45	25
专业技能	20	40	30	10
吃苦耐劳	15	35	40	10
学习能力	10	30	45	15
知识面	15	25	40	20
乐观度	20	50	20	10
个人满足度	15	30	40	5

续表

类别	企业评价（%）			
个人修养	15	50	40	0
适应性	20	40	35	5
解决问题能力	5	35	55	5
综合合计	19	35	32	11

通过对企业的调查，项目组了解到企业对员工的综合素质特别关注，用他们的话说："我们并不需要特别有才气，有个性的人才，我们需要的是有一定专业基础知识与技能，具有良好的职业素养、团队协作精神，虚心好学、踏实肯干、能吃苦的人。这样的人可塑性强，有发展空间，并且留得住。"

通过对企业进行问卷调查，项目组对企业的用人标准及人才招聘考虑的因素进行了分析和整理，归纳起来包括以下几点。

（1）职业素养。工作态度积极向上，做事主动，能够服从企业的安排，具有责任心，全心全意为企业服务，忠于职守、服从调动、遵守制度是企业最重视的素质。

（2）表达沟通能力。心胸宽广，能够自然地与人交流，语言表达能力强，能够较好地与人沟通，展现自我，赢得周围人和客户的认可。

（3）应变能力。企业对中职毕业生的期望是比较高的，不可能固定在一个岗位上，或者只从事单一的工作，需要不断变换工作岗位并增加工作职责，这就需要学生有较好的应变能力。

（4）实践技能。专业技能扎实，工作勤奋敬业，善于向能者学习。

因此，中职学校应加强对学生的工作态度、吃苦耐劳精神、学习能力、团结协作能力、诚实守信、专业技能的培养，打造专、精、强的职业人才。中职学校开设的课程不是多而杂，而是专而精，技能上需强化训练，使学生进入企业就能很快适应流水线的生产与管理。

四、调研结论

（一）专业群人才培养目标定位

专业群人才培养目标定位为：对接广西茧丝绸产业发展需要，对接广西轻工产业发展人才需要，侧重为区域内的茧丝绸企业、运动休闲服生产企业、民族服饰企业、销售服务企业培养符合岗位要求的综合型技能人才；同时搭建中高职教育立交桥，培养以不同的形式进入高职本科院校学习的人才。开展以服装专业为核心，以纺织、染整、服装专业群对接产业链，开展对接产业链的专业链群建设，面向东盟，构建"产训融合、专业联动、多元共育"的专业群人才培养模式，培养适应区域产业发展需要的专业技术人才。

（二）专业群人才培养方向定位

结合广西纺织服装产业发展前景和广西纺织工业学校专业设置的实际情况，在行业企业岗位需求调研的基础上，决定将服装专业群的方向定位从原来的"散装"转变为"整装"，聚焦培养今后三年广西纺织服装产业链急需的纺织面料工艺方向、数码印花工艺方向、服装设计与工艺方向、民族服饰品开发方向、产品销售陈列方向等方面的高素质技术技能型人才，服务企业生产一线。

1. 纺织面料工艺方向

专业人才培养定位在面料设计员、纺织品检验员、跟单员、业务员、工艺设计员。

2. 数码印花工艺方向

专业人才培养定位在染色打样员、印花打样员、数码印制员、面料检测员、染整测试员。

3. 服装设计与工艺方向

专业人才培养定位在设计助理、面辅料采购员、服装制版助理、样衣工。

4. 民族服饰品开发方向

定位在手工工艺员。

5. 产品销售陈列方向

专业人才培养定位在产品导购员、产品陈列员、店助、网店客服员、网店销售员。

（三）专业群人才培养层次定位

通过分析服装设计与工艺专业群匹配的职业技能人才层次分类及数量需求，分析各层级技能人才主要工作任务的工作过程与知识技能要求，借鉴广西纺织工业学校纺织、染整、服装专业历届毕业生就业与职业生涯发展情况，专业群人才培养层次定位如下。

1. 中级工层次

面向纺织、染整、服装企业生产、销售或服务第一线，熟悉企业本岗位的工作流程。了解纺织、染整、服装产业链发展动态；掌握本专业群所需要的文化基础及计算机应用基础知识；了解专业群产业链从面料性能鉴别→染色印花→服装家纺设计与工艺→销售、陈列、展示等不同环节工作流程；掌握丝绸服装产业链中必需的理论知识，掌握丝绸服装产业链中的关键技术；具有良好的责任心和质量意识，具有职业生涯发展基础。

2. 高级工层次

对民族风格的家纺、服装及服饰品设计有独特的见解和思维，有良好的审美意识，对时尚流行趋势有较好的敏感度；根据社会需求和行业状况，具有运用广西民族元素设计开发服饰品的能力，熟悉丝绸面料运用→图案印花→家纺服装设计与工艺→销售、陈列、展示等工作流程；具有把握消费市场、快速灵活完成设计方案的能力，具有美术创意和绘图功底，熟练使用设计软件，熟悉面料的性能和功能，熟悉制作工艺；具有良好的责任心和质量意识，具有职业生涯发展基础。专业群人才培养层次定位见表1-4。

表1-4　专业群人才培养层次定位

专业群名称	培养方向	培养层次	面向岗位
服装设计与工艺	纺织面料工艺	中级工	面料设计、纺织品检验
	数码印花工艺	中级工	印花打样、数码印制
	服装设计与工艺	中级工	服装设计助理、服装版制助理
	民族服饰品开发方向	高级工	民族文创产品设计
	产品销售陈列	中级工	导购、陈列

五、对策和建议

1. 专业群人才培养模式改革的对策和建议

（1）建议专业群人才培养对接本地区纺织→染整→服装产业的发展以及产业链延伸，培养和发展学生的综合职业能力，服务地方经济建设。

（2）建议行业、企业、学校三方联合共同制定专业群人才培养方案，提高行业、企业参与办学程度。建议通过与本地区多家企业建立校企合作关系，面向社会提供民族特色社会服务项目，通过真实的项目实践使学生习得和"内化"，促进民族服饰品开发及文化传承与创新培养，提升专业的社会服务能力。

2. 专业群课程设置与课程内容改革的对策和建议

（1）建议通过开设专业群基础课程使纺织、染整、服装三个专业之间产生联动。

（2）建议与企业共同进行课程内容改革，开发产教融合特色课程和特色教材。

3. 专业群教学模式的改革与创新的对策和建议

（1）建议实施"三个课堂"，即校内课堂、网络课堂、企业课堂的教学模式改革。

（2）建议建立教学资源共享、共建及共管的"网络课堂"教学管理模式，促进专业群教学资源的有效整合与及时共享。

4. 专业群师资队伍建设的对策和建议

建议建立一支专业链对接产业链的专业群教师团队。引进高技能人才，引进产业链中企事业单位技术人员到校任教，专业群内各专业教师资源实现共建共享，提升整体教师团队的教学能力和社会服务能力。

5. 专业群实训基地建设的对策和建议

（1）校内实训基地建设。建议建设一个创新创意实训中心，在面向全校学生提供学习服务的同时，吸引非遗传承人和民间文化进入校园，聚集人气，获得文化传承软实力的积累。增加非物质文化遗产图书、学习资料和创作素材，使校园充满浓郁的文化气息和鲜明的文化特色，学生能够通过自学的方式获得本地区民族文化知识和文化理念。根据现在的纺织—染整—服装产业链发展现状，建议运用最新的数码印染设备，完善实训基地的产业链前端功能；建议建设一个数字化服装创意设计中心，实现专业群课程VR虚拟实训。

（2）校外实训基地建设。建议建立一个培养专业群人才的"校企合作协同育人平台"，建设专业群共享校外实训基地，多方位培养专业群人才的知识、技能和素质，全面提升学生职业胜任能力。

6. 专业群学生学业评价改革的对策和建议

建议建立由学生、老师、学校、家庭、社会共同参与的教学评价机制，实现多元化、多方式评价模式。多元化评价主要包含教师评价、学生自评、学生互评、家长评价、社会（企业）评价；多方式评价可以对学生学业通过考试、考评、技能竞赛、作品展示等多方式、多途径来开展评价。

以上分析为今后广西纺织工业学校服装设计与工艺专业群人才培养模式改革和课程改革提供了依据，认清存在的问题后可以更好地进行专业建设。

模块二
服装设计与工艺专业群
教改建设研究

对接区域产业链的服装设计与工艺专业群建设研究

2018年1月，广西壮族自治区政府办公厅关于印发《贯彻落实创新驱动发展战略打造广西九张创新名片工作方案（2018—2020年）》；工作任务的第一项第4条就是探索传统优势产业"浴火重生"的新思路、新途径和新业态，推广数码印染，促进茧丝绸产业延伸；2019年《广西轻工业振兴方案》出台，推动玉林、来宾水洗印染产业发展，完善扩大玉林（福绵）节能环保生态产业园，工业园区发展的专业人才培养刻不容缓，急需优质的教育培训资源。

广西纺织工业学校是广西唯一的纺织服装全产业链专业覆盖的职业学校，集中了广西纺织服装业的大批高级技术人才，肩负着广西茧丝绸产业发展的人才培养使命；学校充分利用广西—东盟"桥头堡"的优势，在"一带一路""职教二十条"大背景下，正朝着"服务东盟，振兴纺染"的目标努力。

一、专业群组群逻辑研究

组群逻辑是否合理，将影响今后专业群建设能否顺畅进行。项目组先在行业、企业产业链分析基础上进行重构，梳理出一批紧密对接区域产业的专业群。服装设计与工艺专业作为专业群核心专业，辐射产业链上游纺织、染整专业，下游是民族服装服饰特色专业和服装展示与礼仪专业，形成一条完整的产业链。一个内涵丰富的专业群，需要跨专业整合教学资源，在学校内部进行管理结构调整和机制改革，形成人才培养的合力。

二、专业群发展与产业链需求分析

服装设计与工艺、纺织技术与营销、染整技术三个专业是广西纺织工业学校国家示范改革中等职业学校重点建设专业，也是广西中职的示范专业和特色专业，然而，与产业链紧密相关的这三大专业彼此独立，在课程体系和教学载体上无共同点，"孤岛型"专业设置与"融通型"产业环节之间的矛盾，让原有人才培养模式下的毕业生难以适应产业链对复合型人才的需求。

为满足广西纺织服装产业这一人才缺口，通过调研产业链结构、劳动就业结构、岗位技能结构，以服装设计与工艺专业为核心，对纺织、染整、服装三个大类专业进行整合，构建为服装产业链服务的服装设计与工艺专业群。服装设计与工艺专业作为核心专业，辐射产业链上游纺织、染整专业，下游服装展示与礼仪专业，横向连接民族服装服饰特色专业，形成完整的专业链和人才链。如图2-1所示。

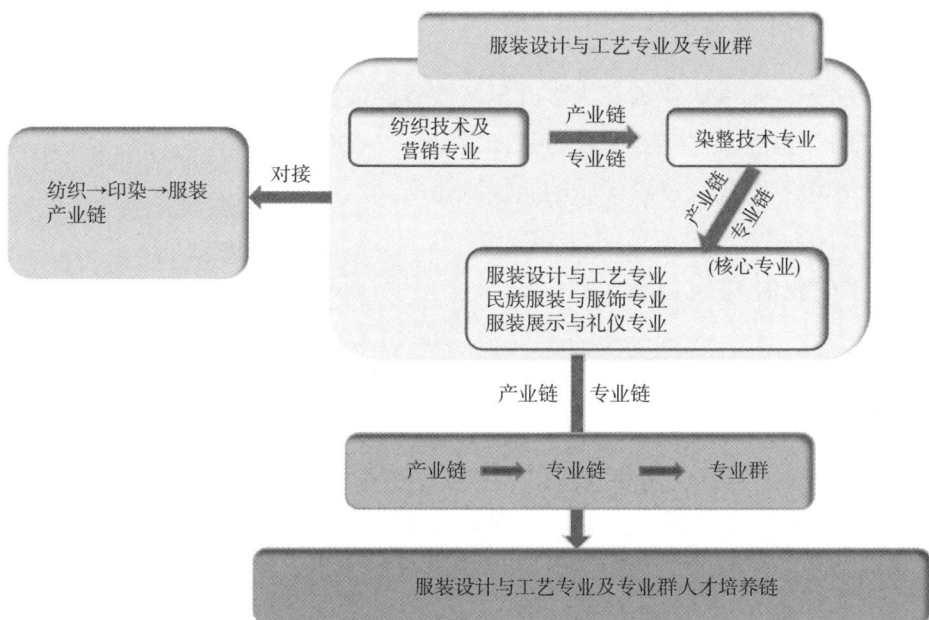

图2-1　专业群与产业链需求分析图

三、前沿理论研究

查阅国内外相关文献获悉，国内在纺织服装领域针对专业及专业群人才培养模式的研究主要是以本科、高职院校为主，如辽东学院陈株的论文《辽宁省纺织服装产业链与专业群对接的人才培养模式研究》，主要阐述从辽宁地区产业群所处的不同阶段和发展角度确定核心专业群，专业群服务地方产业链，与时俱进，加大与区域纺织服装产业链的深度合作，实现与地方产业链的接轨；江苏沙洲职业工学院范尧明的论文《对接区域纺织服装产业链的现代纺织技术专业教育探索》，主要阐述了江苏高职院校纺织服装类专业人才培养模式必须与区域产业链协同共建，在分析高职纺织服装类专业教育现状的基础上，改革纺织服装专业人才培养模式，加强实践教学，建设校内生产性实践基地和校外紧密型实训基地，开展校企深度合作、订单班人才培养；以江苏省重点专业群建设为契机，开展信息化教学，精心设计专业人才培养方案，对接区域纺织服装产业链，为区域产业群的发展培养技术技能型人才；中职院校纺织服装领域在专业及专业群的建设研究主要有《对接产业链的职业院校服装专业群联动实训基地建设研究》，提出构建能够对接产业链的职业院校服装专业群联动实训基地的实训模式、功能、运行管理等。

综上所述，秉承职业教育为地方经济服务的宗旨，紧扣广西优势传统产业转型和创新所产生的人才培养需求，从产教融合、校企深度合作、现代学徒制等方面创新人才培养模式，建设优质的服装专业群。

四、专业群建设目标

按照广西创新发展"九张名片"的新思路，对接广西茧丝绸产业链延伸的发展需求，以丝绸文化为载体，以广西民族文化创意为理念，对接文化与旅游产业，打造丝绸服装设计制作、展示、线上线下交易，培养纺织+染整+服装产业链技术人才；结合《广西轻工业振兴方案》，对接广西服装产业园建设，培养地方发展需要的轻工业人才；利用区域优势，促进民族服饰产业发展，培养区域民族服饰传承与创新人才；打造一支以教学名师和技能大师为引领、专业群带头人和骨干教师为主体、行业企业能工巧匠为支撑，专兼结合的一流双师型教师队伍；服务"走出去"的中国纺织服装企业，为东盟国家培养纺织行业技术人才，建设成广西一流、全国知名的专业群品牌，引领广西中职学校服装专业群的建设与发展。

五、专业群建设内容研究

（一）人才培养模式研究

以服装专业为核心，以纺织、染整、服装专业群对接产业链，开展对接产业链的专业群建设，对接广西茧丝绸产业发展需要，对接广西轻工产业发展人才需要，面向东盟，构建"专业联动、产训融合、多元共育"的专业群人才培养模

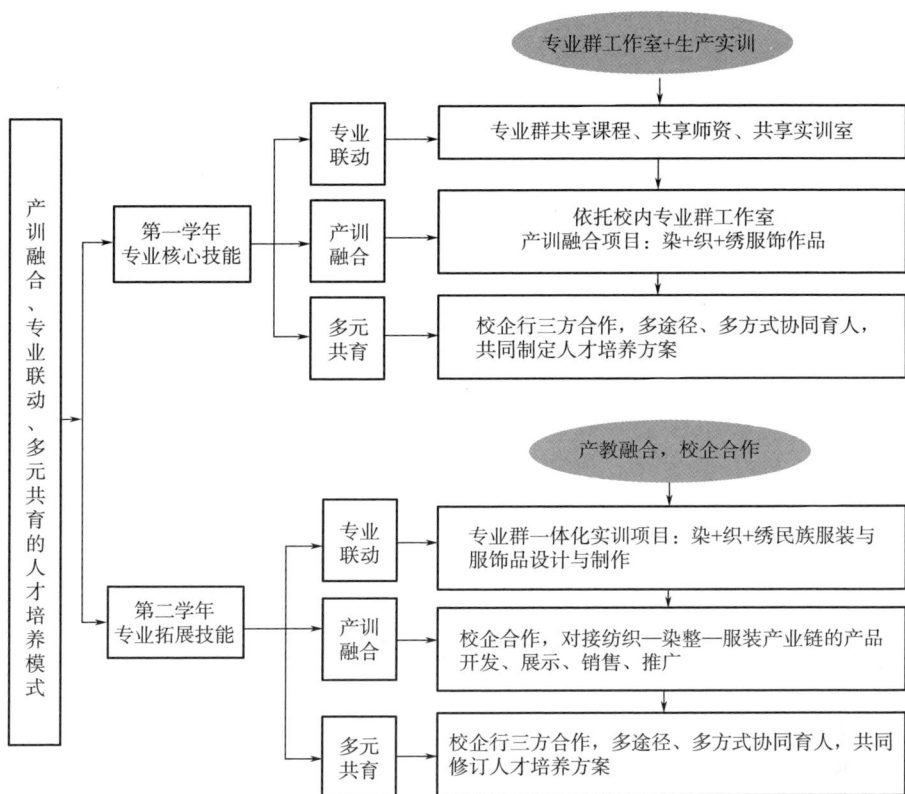

图2-2 服装设计与工艺专业群"专业联动、产训融合、多元共育"人才培养模式结构

式，培养适应区域产业发展需要的专业技术人才，如图2-2所示。

（二）课程体系研究

服装设计与工艺是专业群中的核心专业，课程体系是由专业群基础课程、专业群方向课程及专业群选修课程三类课程架构，课程体系构架体现"三对接+三融合"。

1. 三对接

基于本地产业对人才的需求，实现专业群课程体系构架对接产业发展与产业链延伸，专业群各专业方向课程设置的教学内容对接职业技能等级证书，中职课程设置对接高职课程。

纺织+染整+服装专业群三门基础课程的设置对接本地区纺织→染整→服装产业的发展以及产业链延伸，培养和发展学生的综合职业能力，服务地方经济建设；专业群各专业方向核心课程的课程标准对接职业标准，把职业标准的工作要求作为课程标准的主要内容，把工作内容按岗位工作任务模块进行组合，实训内容项目化；中职阶段核心课程设置对接高职阶段的主干课程，减少课程重复率，同门课程内容难易程度逐层递进，做到中高职人才培养衔接顺畅。

2. 三融合

专业群课程体系中的基础课程、方向课程、选修课程三类课程相互融合，校内作品实训课程与校企产品开发课程相融合，区域民族特色课程与现代时尚创意课程相融合。其中，专业基础课程针对专业群学生所必备的共同基础知识、基本技能、专业技能设置，是专业之间共享和联动的纽带；专业群各专业方向课程要求遵循"宽基础、模块化"原则，对接区域产业，强调改革创新，显示各专业的特色亮点；专业群选修课程培养学生的创新创业意识和职业延伸拓展能力和职业素养。如图2-3所示。

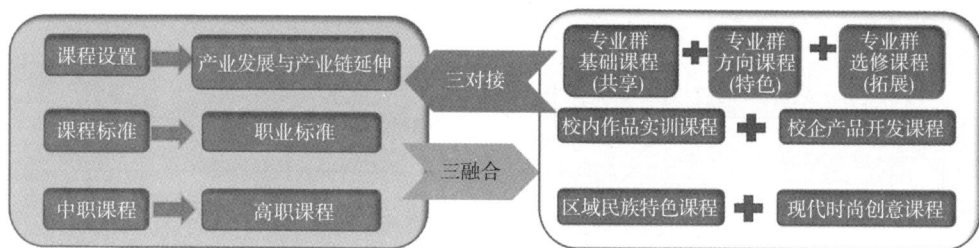

图2-3 "三对接+三融合"专业群课程体系

（三）专业群教学团队研究

（1）通过引进、培训、企业锻炼等多种形式，加强"双师"队伍建设。一是派出去，每年制定教师业务培训计划，统一安排专业教师到实习工厂、合作企业实践锻炼，丰富专任教师的一线企业工作经历，提高实践教学能力；二是请进来，聘请自治区内外纺织服装行业企业实践专家、企业一线技术人员担任兼职教师，将企业生产过程中的新技术、新工艺、新材料引入教学内容；聘请企业"能工巧匠"进校园，有力补充专业群师资队伍。"能工巧匠"是经验丰富、技能高超、技艺娴熟的工程师、技术大师，聘请他们担任实习实训指导教师，以口耳相传、言传身教等方式"带徒"，开展"现代学徒"培养。对"能工巧匠"进行教育教学技能与理论培训，解决他们教学能力不足的问题，打造一支专兼结合的教师队伍。

（2）培养教师的创新思维、产业思维，获取产业资源，增强行动能力，组织专业群教师参加课程与教材建设、参加中国纺织服装教育学会和自治区教育厅的教改课题与项目，在教改的实践中，融业、跨界、与时俱进，逐步形成专职教师的"双师素质"一体化教师，实现校企教师的"分工协同"，增强教学团队实力，形成专兼结合的教师团队。

（四）共享性资源研究

专业群建设是一种资源整合配置的手段，能提高资源共享度，优化资源配置，推动相关专业资源共建共享，提高专业群建设的整体效益，实现教育资源的最优化利用。专业之间互相促进、互相带动、互补共享，发挥专业群的聚集效应和扩散效应，拓宽服务面，增强社会适应性。

1. 课程共享

专业群中多专业"共享课程"是指专业群能力系统化课程体系下的专业群基础能力课程。《民族图案设计》《纺织服装材料》《民族服饰品产品开发实训》是服装设计与工艺专业群的基础能力课程，也是专业群共享课程。以夯实专业技术知识基础、培养专业基本技能为教学目标，以此体现示范专业群课程体系共建共享特点。

对专业群共享课程的课程资源建设，首先需把散落在各专业的教学资源进行重新整合，开发建设共享课程校本教材《一体化教学工作页》、课程标准、课程实施方案、课程资源、课件软件、课程标准、课程考核评价体系、教学设计等课程教学资源。针对不同的专业，在进行课程教学中，按照培养目标的重点，在教学中突出"应用特色"，充分共享通用概念和原理，使课程教学与培养目标紧紧相扣，培养专业群各专业不同岗位应具备的能力。虽然每个专业在能力方面存在差异性，但由于在课程资源库中的载体相对丰富，可以满足群内各专业在课程实施时的不同需要。

2. 师资共享

专业群教师队伍是一个开放整体，打破教师队伍建设在学校与企业之间的边界，使师资队伍与企业、群内教师与群外教师之间进行信息资源的交换和共享，激发教师开放创新，促进课程、师资、实习实训条件等基础资源的共享。一支优势互补、结构合理的教师队伍是专业群可持续发展的必要条件，可降低专业教师的储备率，提高教师的使用效率。在服装设计与工艺专业群内，根据专业结构、年龄结构和学历结构进行整体优化，服装专业老师担任群内染整技术和纺织技术两个专业《民族图案设计》《纺织服装材料》课程的教学任务，纺织专业老师担任群内五个专业《纺织服装材料》课程的教学任务，纺织、染整、服装三个专业的教师共同担任群内五个专业《染织绣服饰品开发实训》课程的教学任务，从而减少了课程重复开设和教师资源浪费。

3. 实训基地共享

根据纺织—染整—服装产业链发展现状的调研，按照"突出重点、效益最大"原则，整合各专业通用实训室，合理提高使用率，降低各专业建设成本；对原有的服装专业实训基地进行重新改造升级，淘汰陈旧的设备，引进最新的数码印染设备，完善实训基地的产业链前端功能，并对实训基地进行重新装饰装修，使原有的实训基地有一个新的面貌。依托服装专业群实训基地，以染织绣实训项目为载体，打通丝绸—数码印花—民族服装服饰品开发—销售陈列流水线实训链。同时，加强校外实训基地建设，为培养专业群人才提供平台，多方位培养专业群人才的知识、技能和素质，全面提升学生职业胜任能力。与深圳西遇时尚服饰有限公司南宁分公司、广西丝绸公司、广西嘉联丝绸股份有限公司进行深度校企合作，签订合作协议，建成三个校外实训基地，企业在三年内接待学生的实习实训教学，制定健全的校外实训基地管理制度并严格执行，使学生能在校外实训基地通过实战获得综合实践能力和综合技能。

（五）产教融合机制研究

为适应纺织服装产业的转型发展，提高技能型人才的培养质量，服装设计与工艺专业群根据广西纺织服装产业的发展趋势和自身的人才培养目标，加大校企合作力度，推行产教融合机制，将企业的典型工作任务转化为工学一体化课程。同时聘请三名知名企业专家指导本专业群的建设工作，参与专业群相关专业人才培养方案、课程标准的制定和工作页等教学资源的开发。

此外，学校还建立校企职工互聘、互培的长效运行机制。一方面大力聘请企业技术人员在现场或校内担任兼职教师；另一方面加大专业教师到企业实践、挂职锻炼的力度，对广西嘉联丝绸股份有限公司的员工进行缫丝等职业技能培训与鉴定。通过校企互聘兼职人员、互培在职员工，教学内容紧跟企业技术创新而更新，促进服装专业群建设，增强专业群的核心竞争力。

（六）保障机制研究

按照专业群建设的特点与要求，探索专业群建设的特点和规律，创新管理体制和运行机制，建立由广西纺织服装行业、企业代表、服装系负责人、纺染系负责人、专业群负责人、各专业带头人参与的专业群建设组织管理形式，建立健专业群建设管理制度，协调专业群内各专业的建设与发展、资源共享与互补，通过柔性化的专业管理与课程组织，提高专业拓展和滚动发展的能力。

1. **专业群建设的组织管理**

（1）学校是专业群建设组织领导机构，主要负责制定专业群建设规划并指导实施，落实重点专业群建设的配套经费与自筹经费，协调相关部门和系，在人、财、物等方面保证专业群的建设与管理需要。

（2）建立专业群建设年度报告、中期检查和验收制度。保证重点专业群建设有计划、有步骤、有效开展，系统总结专业群建设的特点、规律和做法，形成比较丰富的建设经验，在各专业和专业群建设加以推广和应用。

（3）为了支持和保障专业群建设顺利、有效地开展，建立专业群建设工作考核体制和机制，明确专业群建设工作目标和考核要求，有效实施考核工作。

2. **专业群建设的经费管理**

（1）专业群建设经费主要来源于财政专项投入，学校配套经费及专业群所在部分自筹经费。

（2）建设经费实行项目管理制度，应根据有关财务制度的要求，严格审批程序，进行分项明细核算，按预算使用资金。按照经费预算计划和目标考核情况，分阶段、分项完成下拨专业群建设经费。

（3）专业群建设经费主要用于相关专业人才培养方案制订与实施、课程与教学资源开发、师资队伍与教学管理运行机制建设等。具体的使用范围包括：专业的教学改革费用、学术交流费、设备资料费、课程建设费、教材出版费、教研课题劳务费、奖励以及其他相关费用等。

服装设计与工艺专业群共享资源研究：共享课程开发研究

一、专业群共享课程开发的必要性

广西纺织工业学校拥有广西乃至全国规模较大的中职纺织服装专业群，专业群现有服装设计与工艺、服装展示与礼仪、民族服装与服饰、纺织技术与营销、染整技术五个专业，同时还拥有广西中职规模最大的纺织服装实训基地，能够组织实施"纺织—染整—服装—展示—销售"专业链的链条式实训流程，与产业链对接程度高。然而，目前学校由于各专业间课程资源未相互整合，教师资源未共享以及匹配产业链的专业课程未开发，因此矛盾非常突出。如何整合群内各专业现有的课程资源，实现各专业优势课程的资源共享，发挥课程示范性和辐射作用，对于服装专业群的发展来说具有重大意义。

二、专业群共享课程的开发基础

专业群中多专业"共享课程"是指专业群能力系统化课程体系下的专业群基础能力课程。《民族图案设计》《纺织服装材料》《染织绣服饰品开发实训》是服装设计与工艺专业群的基础能力课程，也是专业群共享课程。以夯实专业技术知识基础、培养专业基本技能为教学目标，以此体现示范专业群课程体系共建共享特点。为了使教学更有针对性，针对不同专业的学生，要多从学生的基础和需求考虑，专业群各专业在保证基本理论讲清讲透的基础上，合理调整教学内容，以期获得满意的教学效果。加强三门共享课程群的交流，各专业间沟通协作，满足不同专业的学生需求，通过编制三门课程一体化教学工作页，合理调整教学内容、对教学内容合理分工、考试方式改革等来提高课程与不同专业学生需求的契合度，采取多种教学方法，提高学生的学习兴趣。

三、专业群共享课程的开发路径

在服装设计与工艺专业群内建设课程《民族图案设计》《纺织服装材料》《染织绣服饰品开发实训》三门专业群共享课程，开发三门课程的共享性课程资源。

1. 整合专业群资源，开发共享课程资源

建设专业群共享课程的课程资源，首先需要把散落在各专业的教学资源进行重新整合，专业群内各专业教师共同研讨开发建设共享课程及配套的一体化教学工作页、课程标准、课程实施方案、课程资源、课件，微课视频、课程标准、课程考核评价体系、教学设计等课程教学资源。结合产业链式的专业群专业特色，将各专业的教学资源设计到不同教学环节，环环相扣整合教学资源，共用共享整合实训资源，通力协作整合教师资源。

2. 调整课程教学内容与培养目标一致

针对专业群中不同的专业，在课程教学进行中，按照其培养目标的侧重点不同，在教学中突出"基础应用特色"，充分共享其通用概念，使课程教学与培养目标紧紧相扣，培养专业群各专业岗位应具备的相应能力。虽然每个专业在能力方面存在差异，但由于三门课程是专业基础类课程，课程资源中的载体相对丰富，可以满足群内各专业在课程实施时的不同需要。三门专业基础类课程属于各专业都需要具备的基本专业技能，在培养目标中都有兼顾，但不同专业的课程学习侧重有所不同。共享课程在不同专业授课时，任课老师要注意专业培养目标，根据目标调整教学内容侧重点。

四、服装专业群共享课程的开发措施

1. 课程规划筹备

服装设计与工艺专业群自建设以来，调整课程结构，积极推进多种模式的课程改革，促进课程内容综合化、模块化、规范化。专业群课程体系结构设置分为公共基础课程、专业群基础课程、专业方向课程、专业群选修课程和顶岗实训五大类。结合专业群各专业培养目标及课程设置需求，将专业群的专业基础能力课程设置为专业群共享课程，整合教学资源与教师资源，建设《民族图案设计》《纺织服装材料》《染织绣服饰品开发实训》三门专业群共享课程。设置对接本地区纺织→染整→服装产业的发展以及产业链延伸，培养和发展学生的综合职业能力，开展专业群

联动的项目化实训，从织物设计—织物染色—服装设计开发—服饰品开发制作—服饰品营销，实现特色课程与区域产业的对接，使专业与产业的连接更加紧密，培养学生的创新意识和综合能力，多方位提高学生的专业技能。

2. 明确教学目标

教学目标是教学过程结束时所要达到的结果或教学活动预期达到的目标，是教学领域为实现教育目的而提出的一种概括性的、总体的要求，制约着教学的发展趋势和总方向，对整个教学活动起着统贯全局的作用。教学目标发挥积极作用的前提条件是教学目标制定的合理性。教学目标要在教学计划中恰当定位，指导教学主体行动并转化为教学结果，从而实现自身的合理性。专业群现有服装设计与工艺、服装展示与礼仪、民族服装与服饰、纺织技术与营销、染整技术五个专业，因此在考虑各专业共性的基础上，课程要明确各专业的不同需求，因材施教。首先，在上课前课程组先要明确教学目标，清楚该专业学生需要掌握此课程哪部分知识，尽可能服务专业。教学内容有需求性和针对性才能有的放矢、有所侧重；其次，专业群共享课程任课老师要加强与相关课群中任课老师的交流，厘清课程先行后续问题，例如《民族图案设计》这门课程，是针对服装设计与工艺专业教学目标，需要学生掌握民族图案设计的方式方法，会将图案设计运用到服装中。针对纺织专业的学生，教学目标就会有所不同，需要学生掌握民族图案设计的方式方法，会将图案运用到面料织物设计中。《染织绣服饰品开发实训》这门课程是共享课程，也是联动课程，在课程安排上，几个专业要通力协作完成实训课程，从专业链角度考虑纺织专业在前期的面料织物设计，接着是染整专业对面料色彩与图案的处理，再到服装设计专业的成品设计，服装展示与礼仪专业的成品展示，在课程安排与衔接上存在各种问题，都需要各专业负责人与教学管理人员、相关课程老师提前协商解决。

3. 针对不同专业分模块制定课程标准

课程标准是专业人才培养规格在课程中的具体体现，因而选择的教学内容必须保证专业培养目标的实现。课程标准是根据教学计划的要求，课程在教学计划中的地位、作用，以及课程性质、目的和任务而规定的课程内容、体系、范围和教学要求的基本纲要。它是实施教育思想和教学计划的基本保证，是进行多种形式教学、教材开发建设和教学质量评估的重要依据，也是指导学生学习、制定考核说明和评分标准的指导性文件。如果课程标准不合理，执行过程就会打折扣。在专业共享课程中，课程标准的编制要考虑专业的不同，不同专业的同一门共享课程所运用的教学手段、方式方法会不一样。首先，课程标准针对各专业分模块，针对不同专业选择不同的深度和内容；其次，要设置成不同的方式，体现特色，各专业间要沟通协作；最后，课程标准要明确课程内容的分工，处理好共享课程与后续课程的衔接与配合。

4. 改革教学方法和教学手段，编写配套一体化教学工作页

教材是课堂上以及课堂外教师和学生使用的教学材料，是教师备课和组织课堂活动最基本的资源，也是学生学习知识和实现学习目标的基础。作为三门专业群共享课程，均与课程的兼容性不好。专业群内各专业教师要通力协作，共同开发与共享课程配套的一体化工作页来满足专业群共享课程的教学需求，工作页中各项学习任务要合理统筹安排，理论性、实操性及综合性要相互协调统一。

5. 组建教学师资团队

教学团队是以教学工作为主线，以教书育人、培养合格的专业技术人才为共同愿景，以教学改革项目为抓手，为达成共同的教学目标而分工协作、相互承担教学责任的少数知识技能互补的教师所组成的团队。三门共享课程的教学团队参与教师多，主要以开课专业为主导，同时还有来自其他专业的教师，由于服务不同专业，对教师的知识面要求较高。因此，怎样建设教学团队显得非常重要。首先，教学团队成员在团队责任人的带领下，在团队目标的引领下，充分利用和整合各种教学资源、课件分工建设、集体备课，资源共享，多交流、多讨论，共同协商上课内容；其次，教学团队要多听各专业意见和建议，组织相互听课，开展教师同行评价，为教师提供教学改进意见。与各专业老师协作，使课程更具针对性和实用性；最后，教学团队成员之间、教学团队与相关专业负责老师之间也要经常交流、相互协作，共同努力，最终达到预期目标。

五、专业群共享课程的特色

服装设计与工艺专业群三门共享课程设置对接本地区纺织→染整→服装产业的发展以及产业链延伸，将不同专业融会贯通，就需要共享课程作为润滑剂，既是基础也是链条。遵循综合化原则，以技能为中心，以够用为度，针对专业群学生必备的共同基础知识、基本技能、专业技能及个性化发展需求而设置，是专业之间联动的纽带；学生在学好专业基础课程的基础上，依托服装专业群实训基地，以实训项目为载体，打通丝绸—数码印花—民族服装服饰品开发—销售陈列一条龙实训链，在共享课程建设中通过共享课程资源、共享实训设备、共享师资等打造三门具有区域特色课程。开设《民族图案设计》《纺织服装材料》《染织绣服饰品开发实训》三门专业群共享课程，实现课程资源共享、师资共享，实训室共享；以校内作品的设计生产任务引领优化实训内容，使各专业实训内容以作品为纽带形成联动，让专业群内各专业发展相互带动。

服装设计与工艺专业群共享资源研究：
共享师资构建研究

一、研究背景

专业群是由专业建设、课程建设、教师队伍建设、实训条件建设等要素组成的有机联系整体，教师队伍便是其内涵建设的重要内容。专业群背景下的师资队伍建设，是一种资源优化配置与人力资源管理的手段。从整体与部分角度看，教师队伍是专业群建设的重要组成部分，是专业群内涵建设的内容。为了更好地对接服装设计与工艺专业群"专业联动、产训融合、多元共育"人才培养模式以及"三对接+三融合"专业群课程体系，需要进一步构建一个全新的专业群教师团队，一支年龄层次搭配合理、专业技能过硬、教学能力均衡、师德在线的教师团队，对促进专业群产教融合、教学与产业对接，为地方产业提供更好的服务能够起到决定性作用。

二、专业群师资共享的必要性

专业群师资队伍素质的高低对专业群建设起着决定性作用，因此在专业群师资建设过程中，在共享性基础上让专业群教师互通有无，这是优化教学团队能力与建设的关键。师资共享，改善师资结构，提升师资力量，提高教学质量和教学水平，才能增强专业群竞争力。目前，服装专业群师资问题主要表现如下：

（1）服装专业高级职称教师不足，影响师资职称结构。老一代高级讲师面临退休，年轻教师受政策等诸多因素的影响迟迟不能晋升，教师梯队结构尚未完全形成。

（2）纺织、染整、服装三个专业系部有各自的负责人，组织比较松散，缺少团队的统一建设规划管理，缺少团队文化，离专业群"专业联动"目标中的教师联动有一定的差距。

（3）各专业不具备吸引人才的物质条件，无法吸纳优秀人才。中职教学及学生管理工作繁重，导致近年自治区外优秀的本科毕业生不愿意到中职院校就职，研究生更是凤毛麟角，缺少优秀师资；优秀教师外流到高校。中职教师大都具备扎实的理论知识和实操技能，经常开展的教师授课及督导制度也能有效保证教师具备过硬的教学技能和实践技能，很受高校青睐，因此往往有自治区内诸多高校向优秀教师抛出橄榄枝，近几年纺织、染整、服装三个专业有多名教师外流到其他高校。

（4）科研能力较弱。中职教师主要的时间和精力都放在教学和学生管理工作上，工作较为繁重琐碎，缺少开展教科研的动力和带头人。

所以，专业群师资共享研究有利于开展教学教科研工作，在同一平台下，由群内组织教师共同开展教学研究工作，可使人员搭配、研究广度和深度都具有拓展的空间。

三、专业群共享师资构建原则

专业群建设是职业院校解决产教融合难、优质师资不足问题，并提升人才培养质量的有效手段。坚持产教融合、开放共享、协同发展原则，能够实现专业群内教师之间沟通交流协作、互惠共享知识技术、优化配置各项资源、发挥带动作用。在专业群师资建设过程中，不仅应遵从"群"建设理念，还应注重资源共建共享，同时要重视校企联合培养。专业群师资建设既要提升教师个体的知识共享、团队合作、协作创新的能力，也要增强专业群之间优质教师的共享度。

（一）产教融合原则

产教融合是职业教育的基本理念，专业群教师队伍建设坚持产教融合原则，即行业企业与职业院校合作共建专业群师资队伍。职业岗位群是专业群存在的客观基础，专业群构建要根植于职业岗位群，按照岗位群职业能力开展教育教学，满足职业岗位群对人才的实际需求。职业院校与企业合作，共同加快专业课教师向"双师教师"转变，邀请企业能工巧匠担任学校兼职教师，担任实践教学任务，不仅能使学生及时了解产业的发展动向和掌握职业岗位能力的新要求，还能提高学生实践能力，是专业群教师队伍的重要组成部分。

（二）开放共享原则

一支优势互补、结构合理的师资队伍是专业群可持续发展的必要条件。打破师资队伍建设在学校与企业之间的边界，使师资队伍与企业、群内教师与群外教师之间进行信息资源的交换和共享，激发教师开放创新。专业群建设是一种资源整合配置的手段，能提高资源共享度，优化资源配置，促进课程、师资、实习实训条件等基础资源的共享。纺织、染整、服装三个专业构建的服装专业群，为专业课教师共享提供了依据。群内各专业可以将相关教师根据专业结构、年龄结构和学历结构进行整体优化，鼓励教师担任两门及以上专业课程的教学任务，减少课程重复开设和教师资源浪费。

（三）协同发展原则

在服装专业群师资队伍建设过程中，要求群内教师之间、院校与行业企业之间协同发展。从专业群与外部联系来看，职业院校的专业群面向行业、企业人才培养需要进行建设，那么职业院校也应与行业企业合作共建师资队伍。从专业群内部联系来看，专业群由一个或多个重点专业为核心集群发展，那么专业群师资队伍建设的重点就是如何发挥大师引领、骨干教师带头作用，发挥专业群师资队伍建设的集群优势，优化各专业的师资结构，同时提高群内师资的共享度和增强专业间教师的协作创新能力。

四、专业群共享师资的构建路径

（一）最大限度地合理化使用原有人才，避免人才浪费

服装专业缺少高级讲师，染整和纺织专业的高级讲师补充到教师团队，可优化职称结构；其次，纺织、染整教师平均年龄偏大，服装专业教师相对较年轻，共享后可以优化教师年龄结构；再者，可安排更专业的教师担任课程，优化授课质量。如本专业群的共享课程《纺织服装材料》和《民族图案设计》在染整、服装、纺织三个专业中均有开设，但染整和纺织专业教师主要是织物染色及织物组织结构方向的理工类专业毕业，没有设计类的相关专业教师。而服装专业的服装面料认知和扎染、蜡染课程缺少相应的专业教师任教，平时常由服装教师兼任，课程可以上下去，但专业性和专业深度都不够，不同专业之间在专业群平台的统筹下打破过去系部排课各自为政的格局，共享师资，不仅让教师的课时更饱满，课程的专业性也有了保障。

（二）集中规划师资培训，实现培训资源共享

根据专业群教师的发展目标、专业素质结构以及职业发展的阶段性，以能力要求为主线，设计校企协同培养体系。综合统筹教学群培训费用，对教师未来两年的培训进行统筹规划，适合大多数教师参加的才去请进来的培训形式，本地无法开展的培训，依据专业群对课程需求的紧迫程度送到外面去培训，适当时也开

展线上线下同时培训，保证两年内每一位教师都能参加培训。

（三）聘请能工巧匠，充实专业群师资队伍

专业群师资建设，对职业院校实现人才培养目标、深化内涵建设具有积极的推动作用。引进高技能人才和技能大师进校园，建立"大师工作室"，开展民族技艺传承；聘请企业"能工巧匠"进校园，是对专业群师资队伍的有力补充。"能工巧匠"是经验丰富、技能高超、技艺娴熟的工程师、技术大师，聘请他们担任学生的实习实训指导教师，以口耳相传、言传身教等方式"带徒"，开展"现代学徒"培养。对"能工巧匠"进行教育教学技能与理论培训，克服了他们教学能力不足，能打造一支专兼结合的教师队伍。

（四）打造"名师效应"，扩大名师在区域影响力

组建"名师+大师"的教学创新团队，教师分工协作进行模块化教学。提高专业教师教学能力、参加技能比赛和带赛的能力，进一步优化师资队伍结构，提高教师可持续发展的能力，最终为产业链服务。

（五）建立校企教师双向流动机制

建立企业技术人员和职业院校教师的双向流动机制，积极引进企事业单位技术人员到校任教，参与专业群创建，制定校企师资互派及教师到企业实践的制度并有效实施；引进产业链中企事业单位技术人员到校任教，参与专业群建设，提高兼职教师中具有技师以上职业资格或中级以上技术职称的兼职教师比例（≥40%），打造一支专兼职结合的教师队伍，逐步完善行业兼职教师资源库。

（六）注重创新教师教学团队的培养，构建教师素质提升计划

不同专业的教师组成的中心团队为专业群教学的实施提供保障。在专业群教学团队建设中，要根据每位教师的特长及特点，安排适合的工作，做好团队的内部协调配合，才能激发团队的执行力和凝聚力。

专业群内教师来自不同专业，在专业群基础课程和实训课程上课前进行沟通协调，专业群负责人要召开会议，进行专业群教学任务分配协调，达成内部统一，明确每位教师在团队中的角色定位与分工。

（七）建立激励机制，确保专业群各专业教师成长的持续性

构建专业群师资的激励机制和转型机制，专业群各专业教师成长和能力提升离不开良好的制度环境。专业群师资建设应该参照教师专业成长阶段，从而保证专业群教师队伍的生命力。积极推动各专业教师主持或作为核心成员参与省级以上教学改革研究课题，参加各类教师技能竞赛或指导学生参加区级、国家级技能

竞赛，正确把握专业课教师成长对教学条件、教研任务、文化氛围的需求。

五、专业群共享师资队伍建设初见成效

如图2-4所示，我校纺织—染整—服装三个专业组合而成的专业群经过两年的建设，通过"名师引领，多措并举"的师资队伍建设模式，引进、吸收、培

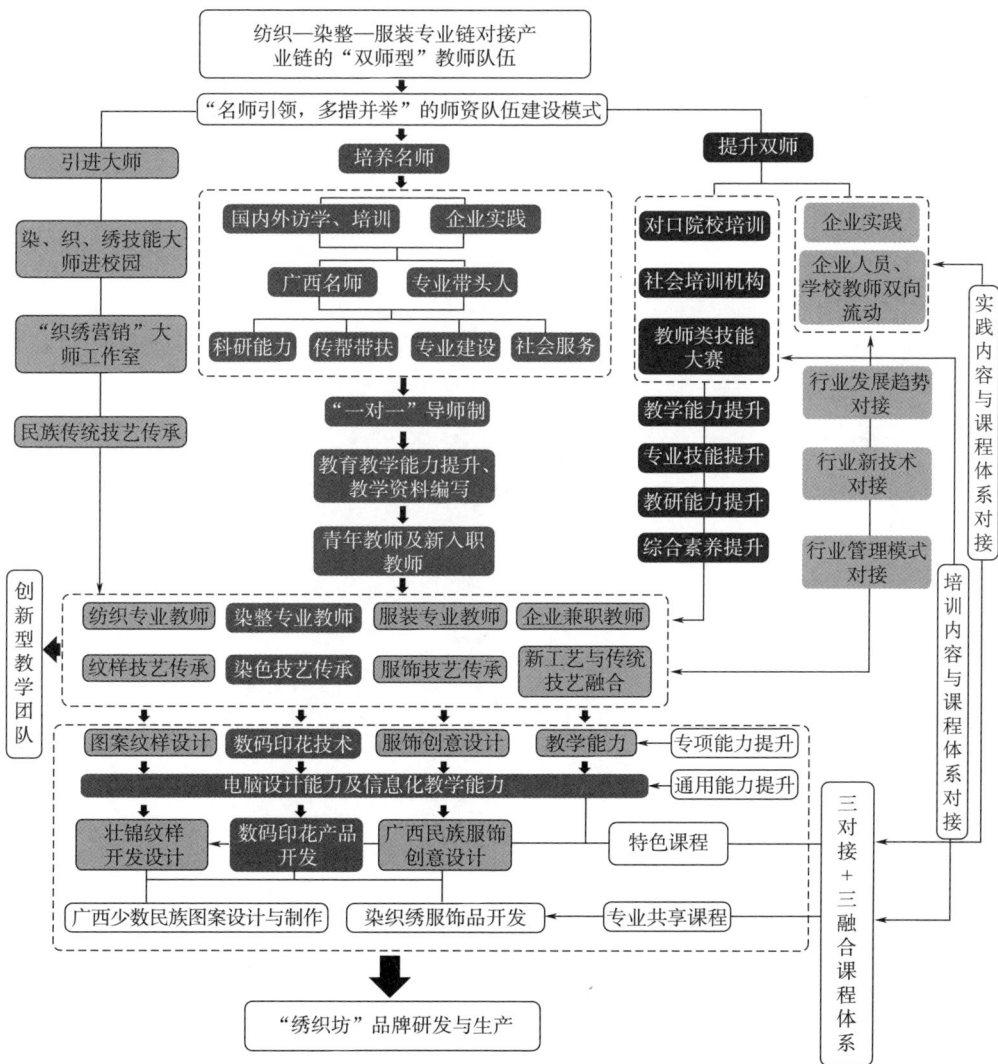

图2-4　对接产业链的纺织—染整—服装师资队伍

养、聘用等方式构建完善的师资队伍梯队，构建了一支对接产业链的纺织—染整—服装师资队伍，形成了一套较完善的跨专业教学机制，师资队伍的教学、实践、科研能力得到显著提升，专业带头人、广西教学名师由原来的各一名增至两名，提高了骨干教师的数量，专业群教师团队整体素质通过"教师素质提升计划"得到大幅提升，在区内外各类教学成果评比、教师教学技能大赛、教师专业技能比赛中硕果累累。

服装设计与工艺专业群共享资源研究：共享实训基地建设研究

一、专业群实训基地建设背景

纺织、染整和服装产业都属于我国的传统优势产业，针对广西大力"推广数码印染，促进茧丝绸产业延伸"的创新发展战略，组建了由纺织技术、染整技术、服装三个专业紧密对接区域产业链延伸的专业群。服装专业包含服装设计与工艺专业、民族服装与服饰专业和服装展示与礼仪专业。专业群的组建对接产业链的延伸，上游是纺织技术专业，中游是染整技术专业，下游是服装设计与工艺专业、民族服装服饰专业和服装展示与礼仪专业，服装设计与工艺专业是专业群的核心专业。

为了更好地助推服装设计与工艺专业群建设，对接服装设计与工艺专业群"专业联动、产训融合、多元共育"人才培养模式以及"三对接+三融合"专业群课程体系，为专业群师资团队构建提供一个良好的发展平台，校内建立了"一心一店四室""产—供—销"专业群实训基地，校外通过校企合作协同育人平台进行校外实训基地校企共建共享，建设以适应区域经济发展需求，对接产业链的紧缺型、特色化、服务型的纺织+染整+服装专业群实训基地。

二、专业群共享实训基地建设的原则

1. 坚持资源利用最大化的原则

实训基地应充分挖掘专业群内各专业现有师资、实训设备等资源，努力完善实训基地教学环境，逐步加大实训基地开放程度和开放范围，不仅满足教学需要，还是集实践教学、技能竞赛、员工培训、技能考评、技术研发、社会服务"五位一体"的生产性综合实训平台，实现产训融合，适应社会产业的发展。

2. 实施项目化运行管理原则

按照产业链生产运行模式管理专业群内各个专业生产性联动实训教学，组织制定生产性联动实训教学岗位职责，检查生产性联动实训教学岗位职责的执行情况，组织协调、落实专业群各专业的生产性实践教学计划和实训场地安排，以保障生产性联动实训教学项目的顺利进行。

3. 坚持校企双方"共管、共享、共赢、共担"的原则

专业群校内、校外实训基地不仅能用于校内教学，也能为企业提供相应服务，使其一方面满足教学需要，另一方面向企业提供技术咨询和服务，承担科研和技术服务的功能，校企合作联合攻关，为企业提供技术服务，解决服装企业在生产过程中出现的技术问题。

4. 坚持以培养学生实践能力和创新能力为出发点的原则

鼓励专业群教师开展以设计性、综合性、研究性、创新性的共享实训项目，不断丰富开放内容，不断增加新技术、新方法的应用，把先进的教学思想和教学手段引入实践教学。

三、专业群共享实训基地建设实施

1. "绣织坊"双创实训中心（图2-5）建设

"绣织坊"双创实训中心主要基于"绣织坊"品牌，以产品设计生产为主线，集合对接产业链的各类实训进行设计。以学校原有的织锦工作室、服装设计

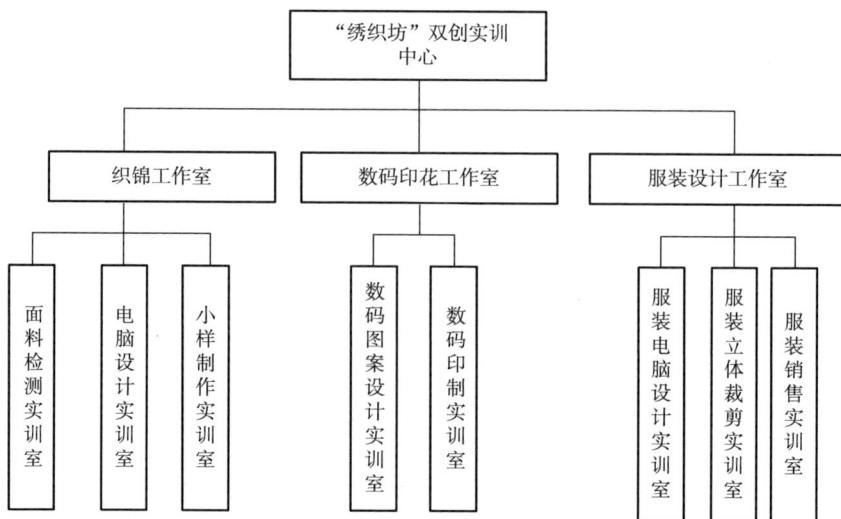

图2-5　"绣织坊"双创实训中心

工作室、数码印花工作室为基础，加入服装营销实训室和"绣织坊"微店构成。该实训中心为集纺织图案设计织造、数码图案设计印制、服装造型设计与制作、民族服饰品设计与制作于一体，包含纺织小样制作室、面料检测室、数码印花实训室、数码图案设计实训室、服装电脑设计实训室、服装销售实训室等，使学生在实训中心能依托产品研发中心进行服饰文创产品创意设计与开发，运营电脑设计转换民族服饰图案进行数码印制，进行服饰品真实、虚拟陈列实训及线上线下的销售等。具备服务基础教学，提供创新创意产品开发、生产，产品直播、线上线下销售等多个功能。

专业群共享的校内实训基地根据现在服装产业发展现状的调研，针对原有服装专业实训基地重新改造升级，淘汰陈旧的设备，引进最新的数码印染设备，完善实训基地的产业链前端功能，并对实训基地重新进行装饰装修，使原有的实训基地有一个新的面貌，依托"绣织坊"双创实训中心实施专业群教学实训项目内容。

2. "绣织坊"双创实训中心项目实训室建设

"绣织坊"双创实训中心的建设基本思路是引进企业的部分生产任务和典型产品作为"产训融合"实践教学的载体，在满足学生实训的前提下，实现纺织服装产业链中纺织面料设计、民族织锦织造、数码印花、民族印染、服装设计生产相结合，在原有实训室的基础上进行有机整合和改造，努力为专业群基础课程服务。主要实训项目见表2-1。

表2-1　"绣织坊"双创实训中心实训项目

工作室	典型产品	实训项目	实训室
织锦工作室	民族织锦	小样织造	小样制作实训室
数码印花工作室	数码印花产品	数码印制	数码印制实训室
服装设计工作室	各类服装	服装制作工艺	服装制作实训室
		服饰品销售	服装销售实训室

为了完成实训项目的内容，双创实训中心下设的工作室对实训室的设备进行了改造升级。通过《民族图案设计》课程，将所需的电脑软件进行了整合。前期学习民族图案设计基础、手绘设计，再通过不同专业的电脑设计将图案进行电

脑打样，最后由各实训室制作半成品或成品。中心内的电脑实训室均可以完成，达到实训设备共享。再通过各个工作室的协同合作，完成《染织绣服饰品开发实训》课程。具体为中心根据实训内容，引进企业生产或设计项目，进行典型任务设计。专业群内的学生均学习《民族图案设计》课程，通过该课程将师资整合起来，服装专业教师对纺织、染整专业学生进行图案设计教学，完成基础教学后，再由各专业老师通过电脑软件进入各自的专业领域进行设计实操。如纺织技术专业学生需要通过专业软件进行织造前的设计，再到小样机进行样品制作；染整技术专业学生则通过图案分色实操等环节后再进行数码印制实操；服装专业的学生参与前期的服饰品设计，两个专业完成中间的分项后，实训半成品再由服装设计与工艺、民族服装与服饰专业学生进行服装再设计，形成产品。服装展示专业的学生则通过展示、直播、销售等课程进行产品展示销售，最终完成专业群"产—供—销"的实训要求。

3. 信息化资源平台的共建共享

建设并充分利用学校数字化学习资源管理和应用平台，即智慧校园平台，整合原有纺织、染整、服装的信息化资源库，将专业群所需要的数字化资源与其对接，积极研发和引进先进的数字化教学资源，如PPT、教案、工作页开发、题库、微课视频等，校企合作开发出版教材《服饰品网络销售》《广西少数民族服饰创意设计》《壮锦纹样开发设计》。开发三门课程《数码印花产品开发》《染织绣服饰品开发实训》《广西民族图案设计与制作》对应的工作页、教案、教学设计、PPT、微课等信息化资源。通过与企业共同研发广西十二世居少数民族服饰虚拟文化馆，第一期将建成壮族、苗族、瑶族、京族的服饰文化展馆，依托已有项目对黑衣壮、白裤瑶、京族的研究，馆内将陈列节日盛装的三维影像及日常着装和各类服饰文化介绍、民族服装的形制特征及结构造型，让学生足不出户就可以在平台上参观了解少数民族的服饰文化。后续将根据资金情况，对文化馆的民族服饰文化展示进行完善。创建"绣织坊美丽生活平台"小程序，通过对接服装设计、美容、形象设计等，将各种资源整合到该公众号内，通过企业进行运营，推广全面美育，进行线上线下的服装形象设计教学推广等活动，打造"绣织坊"工作室品牌，形成一定的社会效益。

4. 构建对接产业链的服装专业群实训模式

实训链是多种实训内容串联而成的实训项目的集合，它立足专业岗位能力需求，以产品生产为纽带，对接生产链构建实训项目，优化实训内容。以纺织服装产品生产为纽带的跨专业实训链构建更加符合纺织服装产业人才培养需要，能积极推动纺织服装职业教育实训教学改革。纺织服装产品主要生产环节组成的生产链一般是产品设计、产品制造、产品销售，对应专业有纺织技术营销、染整技术、服装设计与工艺、服装营销。以纺织服装产品生产链各环节生产任务对接纺织专业群对应专业实训任务，形成跨专业群的纺织服装专业群实训链，实现实训与专业技能关联，实训与产业对接、与生产对接，有效提高纺织服装专业人才培养质量。

5. 校企合作，协同育人平台建设

通过校内实践和校外实践打造"校企合作协同育人平台"，为培养专业群人才提供平台，多方位培养专业群人才的知识、技能和素质，全面提升学生职业胜任能力。与多家公司进行深度校企合作，签订合作协议，建成三个校外实训基地，企业接待学生的实习实训教学，制定健全的校外实训基地管理制度并严格执行。与企业在服装销售人才培养上进行校企合作，通过双方互派教师进行岗前学习等形式，建成校外实训基地，对学生进行销售技能的培养。建立校外实训基地，针对纺织、染整、服装专业的学生进行丝绸产业链深加工的技术技能培训，为广西茧丝绸产业培养中级技能人才。

四、专业群创新运行管理模式

服装专业群共享实训基地建设要与时俱进，建立健全科学、严谨、有效的管理体系。要根据企业对人才的需求和社会发展的需要，推进实践教学改革的深化，完善实践教学体系建设，积极创新产教结合机制，适度调整和合理规划实训项目，积极发挥实训功能，真正提高实训教育效果，全面提高学生的综合能力和素质。定期或不定期选派专业人员参加培训和进修，学习先进的组织管理理念，真正全面提高培训基地的科学管理水平。

五、结语

服装专业群共享实习实训基地建设需要紧扣专业群的内在发展需求，结合产业链的岗位能力要求，与时俱进，时刻跟进产业的发展。通过"绣织坊"双创实训中心的建设，让师生在校内实训时，专业群内的各个专业获得共享共通，又能够独立个性地发展。校外实训则提高学生的综合素质，为学生的后期发展注入能量。总体来说，专业群实训中心的建设是为培养更多适应丝绸服装产品设计开发、销售的学生为目的，为区域经济提供更多的纺织服装专业人才。

服装设计与工艺专业群共享资源研究：
共享校企合作途径研究

一、研究背景

"十一五"以来，国家实施"东桑西移"工程，促进了"东丝西移"，"东绸西移"也正加快推进。自治区85%的贫困县发展种桑养蚕，其中有35个为石漠化贫困县，有17个县把蚕桑产业作为"5+2"的主要产业来抓，在扶贫攻坚中是"雪中送炭"的项目，自治区党委政府把它列入精准扶贫的主导产业。2018年，广西茧丝绸产业工农业总产值接近500亿元，其中农业产值185亿多元。2018年末，自治区桑园总面积328.7万亩，仅河池地区就有22家缫丝企业，生产规模达95000绪，规模居全国之首。全国乃至全球丝绸原料生产规模最大的缫丝企业——广西桂合集团有限公司的生丝、捻线质量居世界前列。茧丝绸产业已成为自治区的新兴优势产业之一。

2018年，区政府发布《贯彻落实创新驱动发展战略打造广西九张创新名片工作方案（2018—2020年）》，实施创新驱动发展战略，"推广数码印染，促进茧丝绸产业延伸"作为自治区的创新名片之一，在进一步巩固桑蚕茧第一生产大省（区）的基础上，提升蚕茧质量，着力发展高附加值、低污染的茧丝绸深加工。瞄准丝绸印染的薄弱环节，开展高附加值、低污染的茧丝绸深加工产品技术研发，组织开展数码印染技术攻关，探索基于互联网的丝绸生产、在线定制、设计外包等新工艺、新业态，大力发展基于互联网和数码科技的现代丝绸数码印染产业。

广西纺织工业学校作为广西区内唯一一所纺织类中职学校，纺织技术、染整技术、服装设计与工艺专业是国家示范校重点建设专业。产教融合校企合作是职业教育的基本办学模式，是办好职业教育的关键所在。为此，广西纺织工业学校紧抓服务区域经济发展的新机遇，根据学校的专业特色，对接广西茧丝绸产业链，以产业群布局为依据来建设服装专业群，对原有专业课程结构解构、重组，实施专业群内专业联动，创新构建一种新的教学体系，为区域产业群提供人才支持。学校开展了产教融合、协同育人的校企合作途径研究，边探索边实践，形成了富有实效的合作模式。

二、专业群对接产业链，产教融合协同发展

1. 服装设计与工艺专业群对接茧丝绸产业链（图2-6）

专业群是由一个或者几个教学水平高、就业情况好的重点专业，辅之以几个门类相近或者相关的专业组建起来的专业群体。专业群中的各专业能对接企业或行业相同的岗位群，能在同一实训体系中完成实践性教学环节，从而培养符合企业产业升级所需的人才。

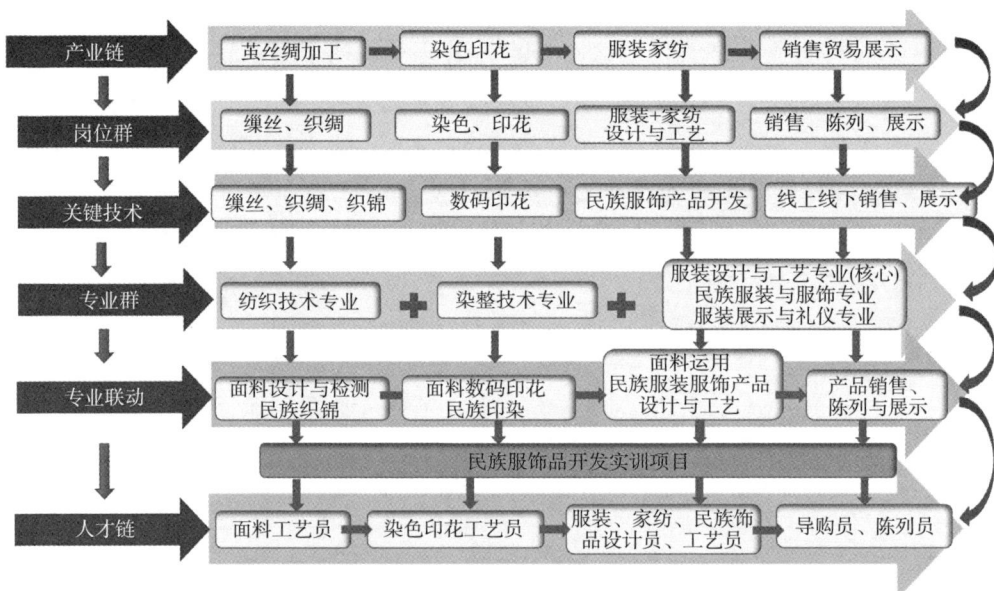

图2-6　服装工艺与设计专业群对接茧丝绸产业链示意图

纺织、染整和服装产业是我国的传统优势产业。针对广西大力"推广数码印染，促进茧丝绸产业延伸"的创新发展战略，将纺织技术—染整技术—服装设计与工艺三个专业合三为一，形成一个大服装工艺与设计专业群，纺织（织绸）是产业链的上游专业，染整技术是产业链的中游专业，服装设计与工艺专业是产业链的下游专业，也是专业群内的核心专业和龙头专业，专业群与广西区域重点发展的茧丝绸产业群全面对接，探索产教融合培育企业所需人才的有效途径。

2. 产教融合协同发展

产教融合即产业与教育业融合。产业系统与教育系统之间存在着从性质到机制的根本差别。企业以市场为主导、以营利为目标、以创新为改革路径，而教育

系统则是以政府为主导、以育人为目标、以公平为准则。将两个系统融合、协同发展，搭建互惠互利的共赢平台，为地方经济以及产业群内的企业提供急需的实战型、应用型、复合型人才，推进地方经济发展和产业群布局建设，是中职教育改革的重要内容。

广西纺织工业学校在国家中等职业教育改革发展示范学校建设过程中开展校企合作工作，取得了阶段性的成效。随着教育改革的推进，进一步与本地区产业深度合作，搭建共融平台，形成利益共同体，培养企业所需人才、支持地方经济发展变得非常迫切。

三、专业群产教融合校企合作的途径

1. 沟通渠道、保障机制的建设

搭校企互惠平台、建协同育人模式的校企深度合作，需要政策保障机制。2018年2月5日，教育部会同国家发展改革委、工业和信息化部、财政部、人力资源和社会保障部、国家税务总局印发《职业学校校企合作促进办法》（简称《办法》），3月1日开始执行。《办法》对职业学校校企合作的方式、促进措施、监督检查等作出了明确规定。政策创新点之一是建立校企主导、政府推动、行业指导、学校企业双主体实施的合作机制，明确了职业学校和企业可以结合实际在人才培养、技术创新、就业创业、社会服务、文化传承等方面合作。

（1）校外沟通保障机制的建立。企业参与"产教融合"的原始动机来源于对提升效益和获得更大利润的期待。而学校尽管也存在经济利益与社会利益的需求，但与产业系统开展合作的最初目标是利用企业的真实工作情境与项目资源，开展育人、科研等活动。在国家相关扶持政策指导下，依托行指委、教学指导委员会等组织，协助企业和学校破除组织性质带来的合作障碍，以更加灵活、多元的组织进行产教融合过程的协调。

在认真学习《办法》的基础上，学校建立了由行业、学校、企业管理和技术人员组成的服装工艺与设计专业群教学指导委员会。通过行指委、教指委的协调，产业系统和教育系统定期就企业人力资源的需求情况、技术创新情况等进行对接与沟通，汇集来自于产业系统和教育系统的各类诉求、条件，并进行协商，以得到双方的最大共识，实现优势互补。定期召开专业群校企交流会（行、企、校），关注茧丝绸产业发展，对接产业需求，动态调整专业设置、招生规模、科研选题，并对企业的技术升级、竞争优势、员工结构等产生直接影响。

（2）校内沟通机制的建立。建立跨专业教学研讨制度。在学校教指委的指导下，开展跨专业教学研讨会和校内专业群建设成果交流总结工作。每学期制订群内专业教学计划前，根据产业群人才培养需求及时调整教学安排和内容，专业联动培养人才。及时总结各专业资源共建共享、产教融合等的经验成果，推动、带动专业群建设和发展。

2. 产教融合协同育人的实践及成效

（1）对接企业产业群实施人才培养。开展区内纺织企业调研，对接产业群岗位实施人才培养。专业群教师在教指委的指导下，多次走访桂平、贵港、玉林、河池地区的纺织、茧丝绸企业，完成人才培养与企业需求之间的对接、课程与职业标准的对接、教学与生产过程的对接、毕业证与职业资格证书的对接，推进教学内容、教学方法、考核方法的改革。与企业专家共同梳理茧丝绸产业链的主要岗位和关键技术，实施专业群内纺织技术专业、染整技术专业、服装设计与工艺专业的教师、学生、课程联动，改革《面料设计》《面料检测》《民族织锦》《数码印制技术》《民族印染》《服装材料》《民族服装服饰产品设计与工艺》《产品销售陈列》《陈列与展示》等课程内容，将丝绸数码印花旅游产品开发、民族服饰品开发等项目引入课堂，开发与企业产品生产对接的实训项目，企业能工巧匠、三个专业的教师、学生在实训中共同完成开发和制作，在工作过程中有效培养了学生的技能和职业素养，为学生提供更多实践机会，树立了自信心，提升对口就业率。

（2）设立技术研究中心实施项目研究。加强双师型师资队伍建设，校企互培互育，提升教师职业能力，建立校企人员互聘共用、双向挂职锻炼，践行产教融合。

借助学校的智力优势，对接企业研发需求和技术瓶颈，帮助企业攻破关键难题，提升生产效率。中小企业转型升级过程中，由于缺乏高级技术人才，企业发展难以适应国内外发展形势，需要学校为企业提供更多创新型人才与专业型人才，以保证研发工作及技术创新工作的顺利开展，增强企业市场竞争力，实现产业升级和发展。

在校内与企业共同建成了丝绸数码印花研究中心、谢秀荣大师工作室（民族技艺），在行指委、教指委的领导下，学校教师与企业技术员互聘，共同参加企业技术创新和学校教学改革，实现校企长效合作。作为广西绢麻纺织科学研究所有限公司的技术合作伙伴，联合广西嘉联丝绸股份有限公司、广西科技大学承担了广西"十三五"重大科技专项项目"桑蚕茧丝绸深加工新技术新产品研发及产业化"课题，协助开展广西民族经典元素丝绸产品的研制与数码印花产品的产业化技术研究。同时，以"绣织坊"品牌开发民族元素纺织服饰品，并与广西嘉联丝绸股份有限公司签订校企合作协议，培训企业员工，提供丝绸服装及服饰品的设计及制作服务。

（3）把握国家扶持政策开展社会服务。把握国家政策，探索发展更高层次的职业教育，加强职业培训能力，面向社会开展多种层次和形式的职业培训，提高办学实力。

2019年9月，染整技术专业开展国际培训服务，举办了"缅甸技术人员染整技能培训班"，对30名来自缅甸纺织行业的年轻技术人员进行染整加工及纺织品质量检测技术培训，获得了政府机构和国际友人的肯定与好评。

2020年11月，纺织专业教师团队成功协助广西河池宜州人社局完成了广西嘉联丝绸股份有限公司、宜州茂源茧丝绸有限公司、城西常乐丝绸公司、广西恒业丝绸股份有限公司等多家企业缫丝工"双千结对"岗位培训，3000多名工人的技能得到提升，并取得了300多万元的培训收益，为广西农村脱贫致富攻坚贡献了一份力量。

服装工艺与技术专业连续多年在广西监狱服装企业举办服装技术管理人员培训，不仅获得了经济效益，也取得了良好的社会效益。

四、结语

广西纺织工业学校结合所在地区的经济发展情况以及产业布局情况，依托茧丝绸产业群来实现特色化办学，探索产教融合校企合作的路径，取得了较好的理论和实践成效。服装工艺与设计专业群产教融合校企合作以优势专业——服装工艺与技术专业为基础，与纺织技术、染整技术等相关专业组成专业群，对接本地区重点产业——茧丝绸产业链，实施产教融合协同育人的校企合作，及时调整自身的专业建设，使专业群建设高度适应地方产业群需求，构成密切的产学研结合体，为地方产业群发展提供源源不断的人力资源支撑，实现了学校与企业在智力资源、人力资源等方面的资源共享，推动了产业升级与技术创新，提升了中职学校纺织人才培养的质量和服务地域经济的能力。

服装设计与工艺专业群人才培养模式研究与实践

一、研究背景

2019年，随着《广西轻工业振兴方案》《轻工产业园建设工作实施方案》出台，广西加快产业引导和政策支持，积极推进建设以轻工业为主的专业园区，打造轻工业发展平台，为全区轻工业发展营造了更优良的发展环境和更广阔的发展空间。玉林（福绵）、来宾、桂林、梧州、防城港、钦州、贵港等地大力发展服装产业现代生态纺织服装产业园建设，承接粤港澳大湾区产业转移。广西纺织服装产业园区的发展，对专业群人才需求刻不容缓，急需优质的教育培训资源。

广西纺织工业学校是西南地区唯一一所纺织类中职学校，纺织、染整、服装专业开办二十多年，近三年在校生人数近900人，是广西乃至全国规模较大的中职纺织服装专业群，虽然集中广西纺织服装业的大批高级技术人才，但是原有的人才培养模式已不能满足各工业园产业链的需求，所以要进行探索和创新。

二、本地区人才需求调研情况分析

项目组前期对广西本地纺织服装产业链的实际情况和人才需求调研进行了调研。通过调研了解到，目前广西正在积极引导纺织、印染及服装加工产业融合发展，加大纺织印染和服装、家纺产业技术引进和改造力度，提高生产工艺、质量、节能水平。重点发展纺织化纤原料、面料及品牌服装、牛仔服装、民族特色休闲运动服饰和家用纺织产品。各地工业园项目建成投产后，从最初的纺纱织布到最后的成衣、出口，将形成整个上下游的产业链，拓展与服装上下游产业链的合作，打造基本完整产业链。

在调研的基础上，广西纺织工业学校成立了由企业管理人员、技术人员组成的专业指导委员会，校、行、企三方共同商定今后人才培养方向和人才培养目标。围绕岗位工作要求，确定人才培养目标→岗位能力分析→岗位方向分类→组建专业群→形成专业群人才培养模式→制订专业群人才培养方案→实施专业群人才培养模式—调整修正专业群人才培养方案的整个流程。

三、专业群人才培养目标

以"根植广西、融合广西、服务广西"的办学宗旨，主动适应区域纺织服装产业链的发展需求，培养产业所需的技能型人才，侧重为区域内的茧丝绸企业、运动休闲服生产企业、民族服饰企业、销售服务企业培养符合岗位要求的综合型技能人才；同时搭建中高职教育立交桥，培养以不同形式进入高职、本科院校学习的人才。

（1）调整适应产业发展和地方经济发展的需要，把纺织—染整—服装专业整合成一个专业群，专业群建设对接产业链，产业链助推专业群的发展，才能让三个专业共同发展，做大做强。

（2）专业群建设将以产教融合为主线，推进服装专业群对接产业链，产业链助推专业群，将服装专业群建设成为全区优质品牌专业领头羊，培养区域产业发展需要的复合型高素质专业技能人才。

（3）面对来自国际、国内以及学校发展的种种发展机遇，利用广西的区域优势，面向东盟，积极融入"一带一路"建设。

四、专业群人才培养模式的构建思路

专业群以服装设计与工艺专业为核心，以纺织、染整、服装专业群对接广西茧丝绸产业链，开展染织绣民族服装与服饰产品开发专业群联动一体化实训项目，强化学生创新创业能力，以民族服饰产品为载体，形成专业群人才链：面料丝绸工艺员→数码印花工艺员→服装与家纺设计员、工艺员、导购员、陈列员（图2-6）。

五、专业群人才培养模式的内涵

通过前期的区内、区外人才需求调研，确定专业（群）人才培养方向和专业能力，构建适应广西纺织服装产业链的"专业联动、产训融合、多元共育"人才培养模式（图2-2）。

1. 专业联动

第一学年：开设专业群共享课程，实现课程资源共享、师资共享，实训室共享，以校内作品的设计生产任务引领优化实训内容，使各专业实训内容以作品为纽带形成联动。

第二学年：专业群对接产业链，各专业分别与分类企业合作，专业群生产型实训基地开展真实项目实训，开展专业群联动染、织、绣服饰品设计与制作产训融合一体化项目，以联动型实训项目的构建立足专业能力需求，产教融合，掌握专业技能。

2. 产训融合

第一学年：依托校内"织绣坊"双创实训中心，融入染+织+绣服饰作品产训融合项目，在真实工作任务的完成中掌握专业核心技能，使实训既达到训练专业技能的目的，又能关联生产，达到良性循环效果。

第二学年：结合地方经济和产业需求，与全区多家企业合作，进行企业真实产品的生产实训，真正实现生产和实训的融合，使学生"作品产品化"，对接纺织—染整—服装产业链的产品开发、展示、销售、推广，染+织+绣民族服装与服饰产品开发，运动休闲服产品开发，强化学生创新创业能力。

3. 多元共育

建立以校、企、行组成的专业群建设指导委员会，多途径、多方式共同培育专业群人才，以学校为主体，校企行三方协同育人，确定人才培养目标，明确人才培养规格与定位，形成专业动态调整机制，根据产业发展对岗位和人才规格需求的变化，修订人才培养方案，调整课程设置和教学内容。

六、专业群人才培养模式的实施

1. 与时俱进，不断调整人才培养方案

立足本专业，通过多种途径开展市场调查，注重分析和研究专业领域的发展趋势，及时调整人才培养方案；同时，遵循教育教学规律，妥善处理好社会需求与教学工作的关系，处理好社会需求的多样性、多变性与教学计划相对稳定性的关系。邀请全区纺织服装行业、企业的专家召开专业指导委员会，定期对人才培养方案进行论证，一年修订一次人才培养方案，使其更加贴近企业发展和满足社会需要。

2. 融合产业特征的"专业联动"模式

从纺织服装产业链中的核心关键岗位需求出发，对接企业生产运作模式，提

炼典型工作过程，实施纺织—染整—服装三大专业之间联动的教学模式：将不同专业的学生联系在一起，完成不同阶段分项技能、专业技能的培训，在综合实训环节打破专业界限，设计大型综合型项目，开展项目实训教学，以小组形式完成染织绣服饰品的研发、生产与运作，完成融合产业特征的"绣织纺"品牌服饰产品开发等项目，使学校、企业之间的资源和设备得到充分应用，锻炼学生的专业技能和工作能力，夯实学生的实践能力，切实提高育人的针对性和实效性，这种人才培养模式充分利用校企优势资源，发挥校内教师和企业兼职教师的特长，培养学生解决实际生产问题的能力，使毕业生能适应纺织产业链岗位工作，更快地完成从学生到职工的角色转变，实现所学知识技能与岗位职业能力的无缝对接。

3. 深化双创人才培养"产训融合"模式

（1）根据区域产业链的需求，充分利用本地企业资源开展多方位合作，在校内建设"绣织坊"创新创意实训中心。以染织绣实训项目为载体，打通丝绸—数码印花—民族服装服饰品开发—销售陈列一条龙实训链。为了更好地与《染织绣服饰品开发实训》课程整合和改造纺织、染整、服装三个专业的织锦工作室、数码印花工作室、服装设计工作室，建成了专业群织物打样实训室、数码印制实训室、服装制作实训室、服装销售实训室。

（2）在"绣织坊"创新创意实训中心引入企业生产实训项目。例如，染织绣服饰品开发实训项目，在校内实训室营造小规模生产性企业工作情境，由企业提供任务订单和坯绸半成品原料，企业技术人员和校内教师指导学生在校内实训室，完成丝绸数码印花产品的设计和加工，然后将产品返回企业。通过体验几个系列产品（或半成品）的真实生产过程，实现提升学生职业技能的教学目标，实现了实践教学与就业岗位的零距离对接。

（3）将各专业重新进行规划，动态调整，形成专业群课程体系，分为基础课程、方向课程、选修课程三类课程，校内作品实训课程与校企产品开发课程相融合，区域民族特色课程与现代时尚创意课程相融合。其中，专业群选修课程培养学生的创新创业意识和职业延伸拓展能力和职业素养，真正做到有的放矢，学以致用。

4. 开发校企合作现代学徒制"多元共育"模式

根据企业工作岗位需求，广西纺织工业学校纺织技术专业与南宁锦虹棉纺织有限责任公司合作，开展企业现代学徒制人才培养，联合招收学员，有针对性地为企业培养人才。根据企业提出的培养岗位需求，确立各岗位各层次的职业培训内容及标准，共同开展教学及培训等活动，制订"分层定位、按需培养"教学方案，企业全程参与人才培养，构建"企业技术工人培养新模式，实行校企双主体育人，促进企业技能人才培养，为企业持续发展储备充足的技能人才，这种校企双方合作培养人才的模式取得了很好的效果。

5. 探索国际化人才培养模式

2019年11月，助力"一带一路"建设，配合"衣路工坊"国际合作项目，为缅甸服装产业工人开展共2个批次100人次的技术培训，为纺织服装技术课程资源建设提供种类丰富的教学视频等线上教学资源，主动服务中缅纺织服装产业转移的区域用工需求，定制适合缅甸纺织、服装专业的人才培养标准和方案，助力中国企业"走出去"。

6. 优化中高职"3+2"衔接模式

广西纺织工业学校与广西经贸职业技术学院联合办学，打通服装设计与工艺专业的中高职衔接通道。为了增强中职和高职之间的衔接性，在办学定位、教学培养目标定位、课程设置方面不断调整，使其更加系统化和整体化，培养目标有层次和递进性，将中职和高职资源进行优化整合，达到强强联合的效果，促进中高职院校的共同发展。

七、专业群人才培养模式实施的阶段性成效

1. 助推广西丝绸服装产业链延伸

搭建校企合作育人平台，将企业真实项目引入课堂，构建个性图案定制设计→选料→印制加工→着装搭配→销售陈列全过程参与的专业联动教学模式，使学生不仅掌握线上、线下服装的销售运营模式，更加了解服装线下生产、线上销售的新型运作模式，同时进一步密切专业间的联系、互助与合作，构建广西丝绸服装产业链完整的人才培养体系，满足产业发展人才需求，为地方经济发展贡献力量。

2. 将创新创业教育理念渗透到人才培养链

培养本地市场紧缺的、实践综合能力较强的服装专业创新人才，根据就业择业岗位能力需求进行调整，不同专业的学生在专业群教师团队指导下，完成企业生产性实训项目，发挥学生的积极性、创造性，在工作中学习，在学习中进步，不断丰富专业素养，落实创新创业活动，拓宽就业领域，满足企业、社会不同层

次、多元化的人才需求。

3. 校合作互惠共赢

现代学徒制的"厂中校"合作模式实现了互惠共赢，使企业学员全面掌握专业知识与操作技能，职业素质和能力得以提升，让学员成为既掌握专业理论知识、又具备综合实操能力、并持证上岗的企业合格员工。这种培养模式能强化学生的技术技能培养，强调所学技能对接就业岗位，实现了教学项目与就业岗位无缝对接。学校与南宁锦虹公司向中国纺织服装教育学会联合申报并被批准授予"中国纺织服装人才培养基地"称号。

随着服装设计与工艺专业群"专业联动、产训融合、多元共育"人才培养模式的实施，加强了与广西乃至全国纺织服装行业、企业的密切联系，专业群师生积极参加行业协会举办的各类培训与赛事活动，不断成长与进步。近两年来，获得广西教学成果二等奖2项；中国纺织工业联合会教改立项8项；在2020年中国服装创意设计与工艺教师技能大赛中获得二等奖3项；在2020年广西职业院校教学能力大赛中，获得一等奖1项，二等奖1项；极大地带动了专业教学团队的发展。

此外，专业群教学团队将广西民族元素融入染织绣文化创意设计中，开发了150余款具有区域特色的"绣织坊"品牌系列新产品，使精美的民族纹样焕发出生机和活力。这些服饰产品通过多种途径向外推广，先后在广西民族博物馆上柜，在老木棉匠园、广西壮族"三月三"文化活动创意集市上销售，还在校内实体店、微店和亚马逊购物网站上销售，受到各界人士的喜爱和推崇。

服装设计与工艺专业群课程体系构建研究

一、构建新课程体系的指导思想

广西纺织工业学校是广西唯一的纺织服装全产业链专业覆盖的职业学校，肩负广西茧丝绸产业发展的人才培养使命。服装设计与工艺、纺织技术与营销、染整技术三个专业是国家示范改革中等职业学校重点建设专业，也是广西示范专业，在人才培养上必须适应产业发展和地方经济发展的需要，把纺织—染整—服装专业整合成一个专业群，专业群建设对接产业链，产业链助推专业群的发展，才能让三个专业共同发展，做大做强。面对来自国际、国内以及学校发展的种种发展机遇，专业群建设将以产教融合为主线，将服装专业群建设成为全区优质品牌专业领头羊，培养区域产业发展需要的复合型高素质专业技能人才。

以区内、区外人才需求调研结果以及专业研讨会专家意见、教学整改要求等为基础，广西纺织工业学校服装设计与工艺专业群从2020年下半年起调整课程结构，结合区域经济特色，积极推进多种模式的课程改革，服装设计与工艺专业（群）在课程体系建设上围绕专业群与产业链的对接，专业群内课程联动共享，进行互动式项目课程开发，构建基于专业群对接产业链的"三对接+三融合"专业课程体系。

二、课程体系构建的具体思路

分析典型工作任务，开发各门课程，提取核心课程。

（1）明确专业培养目标和职业岗位，通过服装行业、企业岗位调研分析，定位本专业培养目标，具有明确的职业岗位导向。

（2）根据本专业培养目标定位和对应的职业岗位，深入行业、企业实际工作岗位开展调研，获得主要工作任务。

（3）根据工作任务，以合作企业为依托，归纳出典型工作任务及其工作过程描述。

依据学生认知规律，按照从简单到复杂的典型工作任务的顺序，进行任务分析，并依据技术复杂程度和知识难易程度，归纳形成由简单到复杂的典型工作任务。从工作任务→职业能力→课程，从典型工作任务→核心职业能力→核心课程的过程。

课程的排序遵循职业成长规律，内部结构以工作过程为主线，串行相关知识和技能，符合学生认知规律，以职业能力为对象，进行递增培养，对知识的重构具有连续性，能力培养具有递进性。

三、教学分析与课程

（一）岗位工作任务与职业能力分析

以区内、区外人才需求调研结果以及专业群指委会、专家论证会的专家意见为基础，根据企业、行业对服装设计与工艺专业群技能型人才的需求和就业市场对技能型岗位的要求，对工作任务及其对应的职业能力进行分析，按照基于工作过程的课程建设思路，归纳出典型工作任务，对典型工作任务进行分析。

（二）专业群岗位工作任务与职业能力分析（表2-2）

表2-2　专业群岗位工作任务与职业能力分析

工作岗位		典型工作任务	职业能力要求
纺织工艺员	纺织面料设计	纺织面料图案设计	设计纺织面料的绣花图案、印花图案
	纺织材料鉴别	纺织材料鉴别、检测与运用	鉴别不同纺织材料，能合理使用纺织材料
	纺织生产工艺	面料分析	分析各类面料的原料、纱支、捻度、组织等
	纺织品营销	前台接单、业务助理	完成接单、跟单业务、纺织品外贸等工作
染整工艺员	纺织面料检测	纺织品印染质量及色牢度检测	能操作相应的设备，对纺织品印染质量及色牢度进行检测
	数码印花图案设计	数码印花图案设计	运用专业软件进行数码印花图案的定位、裁片印制
	数码印制	数码印花图像打样	根据印制对象和印制图案进行图案分色处理和印制操作
服装设计工艺员	面辅料采购跟单	服装材料鉴别、检测与运用	熟悉面辅料各项材质的标准和性能，面辅料生产工艺及质量标准

续表

工作岗位		典型工作任务	职业能力要求
服装设计工艺员	服装设计	服装款式设计、绘制图样	明确设计思路，绘制服装款式图并确定面辅料
	服装图案设计	服装图案搭配、图案后期处理	运用图案设计软件，完成对服装产品图案的开发以及图案的后期处理
	服装制作	看图看样、看单制作样衣	根据服装款式图、样衣、工艺单独立完成民族服装制作全过程
民族服装设计工艺员	民族服装设计	设计和绘制民族风格服装图样	明确设计思路，绘制民族风格服装款式图并确定面辅料
	民族服饰品设计制作	设计与制作民族服饰品	绘制民族服饰品设计图稿，运用手工艺针法制作各种服饰品
服装销售陈列员	服装销售	服装售前、售中、售后服务	向顾客介绍不同风格的服装款式、版型特点；能达成顾客接待、试穿、议价、异议、成交等销售业务
	服装陈列与展示	服装商铺陈列展示	负责店铺每季的货品陈列、搭配展示及陈列指导

（三）典型工作任务和专业群课程的转换（表2-3）

表2-3　典型工作任务和专业群课程

工作岗位	典型工作任务	专业群基础课程
纺织面料设计员	纺织面料图案设计	民族图案设计
印花图案设计员	数码印花图案设计	
服装图案设计员	民族服饰图案设计	
纺织材料鉴别员	纺织材料鉴别、检测与运用	纺织服装材料
面料检测员	纺织品质量及色牢度检测	
纺织生产工艺员	面料分析	
面辅料采购跟单员	服装材料鉴别、检测与运用	
数码印制员	数码印花图像打样	
服装设计员	手工和电脑绘制服装设计图样	染织绣产品开发实训
服装工艺员	看图、看样、看单制作服装	

续表

工作岗位	典型工作任务	专业群基础课程
民族服装设计员	手工和电脑绘制民族风格服装服饰图样	
民族服装工艺员	看图、看样、看单制作民族风格服装服饰	
民族服饰品设计制作员	设计服饰品图样并制作	染织绣产品开发实训
家纺、服装销售员	家纺、服装产品售前、售中、售后服务	
家纺、服装陈列员	家纺、服装产品实体店货品陈列	
家纺、服装展示员	家纺、服装产品静态及动态展示	

四、课程体系整体结构设置

以自治区内、自治区外人才需求调研结果以及专业研讨会专家意见、教学整改要求等为基础，广西纺织工业学校服装设计与工艺专业群从2020年下半年起调整课程结构，积极推进多种模式的课程改革，合理确定各类课程的学时比例，规范教学，促进课程内容综合化、模块化。专业群课程体系结构设置分为公共基础课程、专业群基础课程、专业方向课程、专业群选修课程和顶岗实训五大类。

1. 公共基础课程

公共基础课程改革遵循"服务素质、服务技能"的原则，分为基础性和应用性两个模块，前者面向全体学生，后者面向专业大类。一方面重视公共基础文化课提高学生基本文化素质的功能，另一方面强化公共基础文化课为专业群课程服务的功能。公共基础课包括德育课、文化课、体育与健康、艺术（音乐、美术）以及其他自然科学和人文科学类基础课。

2. 专业技能课程

专业技能课程包含专业群基础课程、专业方向课程、专业群选修课程和顶岗实习四大类，把任务与职业能力分析的结果转化为专业课程，形成由专业群基础课程、专业方向课程、专业群选修课程、顶岗实习组成的课程体系。课程的命名紧扣当前企业需求的岗位技能来设定。按照工作任务的相关性进行课程设置，并以工作任务为中心选择和组织课程的内容。工作任务需要根据工作岗位的实际情况进行选取或设计。

（1）专业群基础课程。即为专业共享课程，包含《民族图案设计》《纺织服装材料》《染织绣服饰品开发实训》，以夯实专业技术知识基础，培养专业基本技能为教学目标，以此体现示范专业群课程体系共建共享特点。

（2）专业方向课程。要求遵循"宽基础、模块化"原则，突出专业的特色亮点，结合各专业人才岗位技能需求，培养目标，每个专业围绕就业发展方向设置5门专业方向课程，属于专业核心类课程。

①服装设计与工艺。专业方向课程分别开设《服装款式设计》《服装结构设计》《服装制作工艺》《服饰品设计与制作》《民族图案设计》。

②民族服装与服饰。专业方向课程分别开设《民族服装结构设计》《民族服装制作工艺》《服装款式设计与色彩》《民族服饰品设计与制作》《民族图案设计》。

③服装展示与礼仪。专业方向课程分别开设《服装销售技巧》《商品展示技术》《形象产品直播销售》《服装店面陈列》《形象设计》。

④染整技术。专业方向课程分别开设《棉织物染整》《织物印花》《纺织材料应用》《民族印染技艺》《数码印制》。

⑤纺织技术。专业方向课程分别开设《纺织材料鉴别》《纺织面料设计》《织物组织分析与试样》《纺织CAD应用》《市场营销基础》。

（3）专业群选修课程。主要培养学生的创新创业意识和职业延伸拓展能力和职业素养。包含《产品网络销售》《形象设计》《产品文案制作》三门课程。

（4）顶岗实习。通过实习与实践锻炼，熟悉实际工作环境，了解企业的概况、生产产品、生产工艺流程、生产管理方法，熟悉实习岗位职责、操作规程，提高操作技能，毕业后能够尽快胜任本岗位的工作。

五、专业群课程体系体现"三对接+三融合"特点

服装设计与工艺专业群现有服装设计与工艺、服装展示与礼仪、民族服装与服饰、纺织技术与营销、染整技术五个专业，服装设计与工艺（简称服设）是专业群中的核心专业。专业群课程体系是由专业群基础课程、专业群方向课程及专业群选修课程三类课程架构起来，体现"三对接+三融合"特点（图2-7、图2-3）。

1. 三对接

基于本地产业对人才的需求，实现专业群课程体系架构对接产业发展与产业链延伸，专业群各专业方向课程设置教学内容对接职业技能等级证书，中职课程设置对接高职课程。

专业群课程体系

| 专业群基础课程 | 专业群方向课程 | 专业群选修课程 | 顶岗实习 |

语数英

民族图案设计

服装设计与工艺专业课程模块

形象设计

顶岗实习产业链

德育体育艺术

纺织服装材料

民族服装与服饰专业课程模块

产品文案制作

信息技术

染织绣服饰品开发实训

服装展示与礼仪专业课程模块

产品网络销售

完全教育、军训、社会实践

染整技术专业课程模块

纺织技术专业课程模块

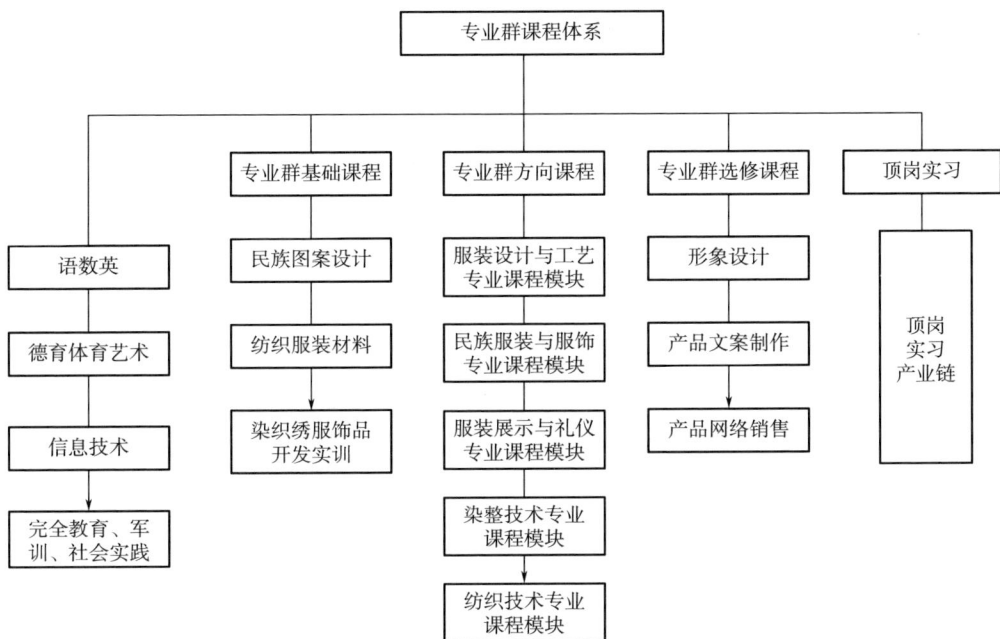

图2-7　"三对接+三融合"服装设计与工艺专业群课程体系结构

纺织+染整+服装专业群三门基础课程设置对接本地区域纺织→染整→服装产业的发展以及产业链延伸，培养和发展学生的综合职业能力，服务地方经济建设；专业群各专业方向核心课程的课程标准对接职业标准，把职业标准的工作要求作为课程标准的主要内容，把工作内容按岗位工作任务模块进行组合，实训内容项目化；中职阶段核心课程设置对接高职阶段的主干课程，减少课程重复率，同一门课程内容的难易程度逐层递进，做到中高职人才培养衔接顺畅。

2. 三融合

专业群课程体系中的基础课程、方向课程、选修课程三类课程相互融合，校内作品实训课程与校企产品开发课程相融合，区域民族特色课程与现代时尚创意课程相融合。

其中，专业基础课程遵循综合化原则，以技能为中心，以够用为度，针对专业群学生所必备的共同基础知识、基本技能、专业技能及个性发展需求而设置，是专业之间联动的纽带；专业群各专业方向课程要求遵循"宽基础、模块化"原则，对接区域产业，强调改革创新，显示各专业的特色亮点；专业群选修课程培养学生的创新创业意识和职业延伸拓展能力和职业素养。

服装设计与工艺专业群共享课程一体化教学工作页的开发设计研究

一、开发的目的

服装设计与工艺专业群的共享课程是指专业群能力系统化课程体系下的专业群基础能力课程。《民族图案设计》《纺织服装材料》《染织绣服饰品开发实训》是服装设计与工艺专业群的基础能力课程，也是专业群共享课程。以夯实专业技术知识基础，培养专业基本技能为教学目标，以此体现示范专业群课程体系共建共享特点。通过编制三门课程的一体化教学工作页，梳理调整各专业教学内容，合理安排分配整门课程的学习任务、学习目标、工作流程与活动、考核评价方式等，提高该门课程与不同专业学生需求的契合度，采取多种教学方法，增强学生的学习兴趣。

二、一体化教学工作页的特点

工作页是现代职业教育中学生的主要学习材料，是帮助学生实现有效学习的重要工具，其核心任务是帮助学生学会如何工作。工作页呈现源于典型工作任务和学习任务，通过体系化地引导问题，指导学生在完整的工作过程中进行理论实践一体化的学习，在培养学生专业能力的同时，帮助学生获得工作过程知识，促进学生关键能力和综合素质的提高。

服装专业群共享课程一体化工作页呈现的特点是："任务式编写方法"，以综合职业能力培养为目标，以专业群典型工作任务为载体，以学生为中心，以能力培养为本位，将理论学习与实践学习相结合。一体化课程的架构，包含若干个学习任务，学习目标是按照工作逻辑组织的，描述多以"描述、说出、完成……"等形式表达，学习主线是体现在学习任务中完成工作任务的完整过程，结构是以体现完整工作过程、学做合一的学习任务展开的，强调的是以学生为主体的学习方式，以工作逻辑引导问题为主线，具有较强的开放性。

三、一体化教学工作页的开发研究

1. 工作页开发的依据

服装专业群《民族图案设计》《纺织服装材料》《染织绣服饰品开发实训》三门共享课程分别制定了课程标准，课标对工作任务描述、学时分配、实施建议、考核与评价等作了规范性要求。根据特定的教学条件对学习任务进行情境描述、确定目标与内容、提出教学建议的过程，内容包括情境描述、学习目标、学习内容。三门课程的一体化工作页分别见附1、附2和附3。

2. 工作页开发的核心问题

工作页从本质上说是重新构建的教材，是依据学习任务设计编制的引导学生自主学习的文本，内容是通过引导改革创新问题实现的，其关键点在于基于目标的内容确定。所以课程中所有学习任务的学习目标、内容的系统化梳理与设计就成为工作页开发的核心问题。服装专业群三门共享课程的工作页是以完成一个典型工作任务的工作过程为主线，呈现工作过程的逻辑结构，以工作过程逻辑结构为基础整合知识和技能，分析设计学习任务、提取知识点和技能点。

3. 工作页开发的路径

工作页开发的路径分为目标解析、内容梳理、工作页编写三个步骤。

（1）目标解析。目标分三个层次：第一是专业群层面的培养目标，第二是共享课程层面的课程目标，第三是学习任务层面的学习任务目标。通过解读课程目标和任务描述，明确学习任务目标、人才培养目标、培养层次和课程安排。

（2）内容梳理。对知识、技能点的系统分析与设计是工作页开发的核心。每个学习任务的内容设计可采用流程图完成。以《染织绣服饰品开发实训》课程为例，展示的是一个实训学习任务流程图。从工作步骤一到工作步骤*N*分别对应此学习任务的某个学习活动，还要考虑综合职业能力，知识点和技能点应包括专业能力、方法能力、社会能力和职业素养。通过梳理调整，使知识、技能的层次关系更清晰，体现综合职业能力的层次性、递进性（图2-8）。

（3）工作页编写。解析目标、梳理内容之后，就能针对每个学习任务编写对应的工作页了。在工作页开发编写的过程中，需要设计贯穿始终为目标服务的教学内容的引导问题，需要围绕各环节学习的重点、难点、技能点、关键点设计相关引导问题，重视学生认知及职业教育规律，使各层级学习目标和内容相匹配。

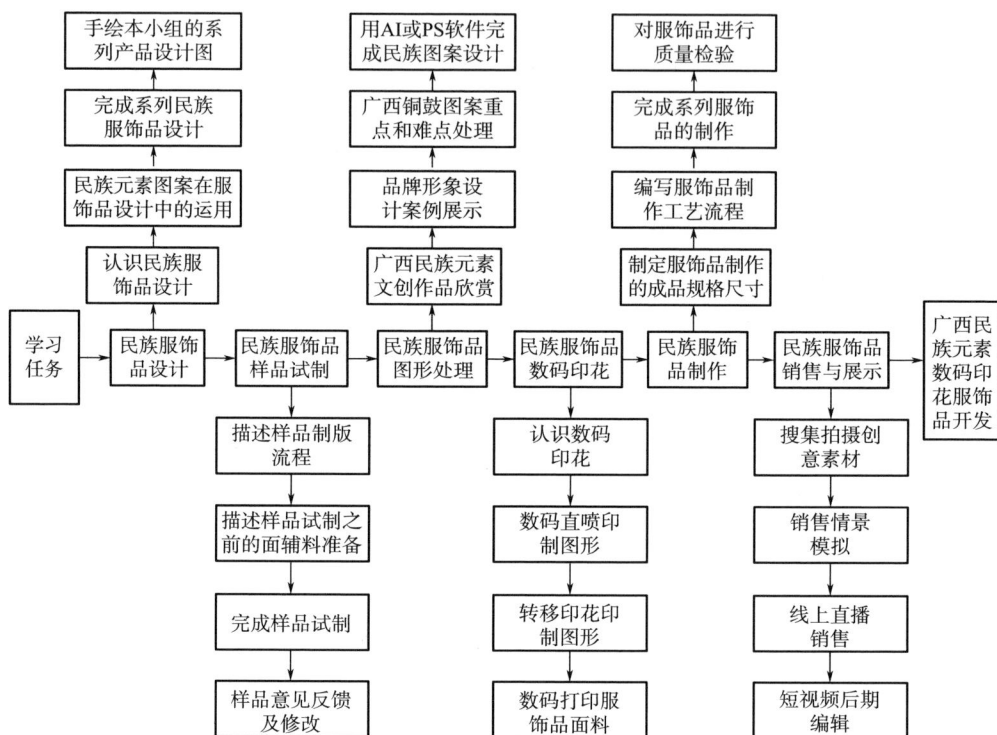

图2-8　学习任务流程图

四、一体化教学工作页的设计研究

服装专业群共享课程一体化教学工作页设计开发具备模块化、结构化、形式化、灵活性、重组性及趣味性。《染织绣服饰品开发实训》课程工作页将总项目设计为一个典型的专业群对接产业链的民族服饰品开发实训任务，使学生对该部分设计有一个宏观、全面与实际联系紧密的认识，激发学生的学习兴趣；总任务又进一步分解为6个学习任务，然后对每一个学习任务列出5个学习目标、5个工作流程与活动，接下来设计多种形式的引导问题。

1. 引导问题设计

引导问题是工作页中最具教学价值的部分，通过完整工作过程这条暗线和评价反馈这条明线有机串起。引导问题的最大价值在于它是基于工作过程设计的，具有体系化的特征，既帮助学生亲历结构完整的工作过程，也引导学生有目标地进行工作实践，查找完成任务所需的专业知识，思考解决专业问题的方法，在培养学生专业能力的同时，帮助学生获得工作过程知识，促进学生综合职能力的提升。

引导问题是为了引导学生主动有效地学习，使学生达到完成学习任务的目的，能将学习内容串起来，需要系统思考的学习问题。引导问题在体系上是以工作过程为设计主线。它的最终目的是要帮助学生从各种材料（教材、专业手册、技术资料、产品说明等）中找到所需的专业知识，解决专业问题。也就是说，引导问题是工作页设计形式上的主线，其承载的却是此学习任务所有指向目标的学习内容。依次解决按照工作过程设计的引导问题就能够引导学生顺利完成学习任务。

引导问题的呈现形式可以多样，可通过判断题、选择题、问答题、收集信息用的表格、图片、完成任务的工作记录等多种方式灵活呈现，一定要根据此目标及实现承载的学习内容选择合适的形式来实现，重点需体现对学生完成不同学习和工作任务的途径与方法等的引导。通过以上过程，引导问题与学习目标之间的联系就建立起来了，而且是一种相互对应、支撑的关系。

2. 学习笔记设计

一体化教学工作页用于学习过程、重难点记录以及学习任务完成，它包含学习笔记、任务问题回答、任务完成过程、任务实际完成时间、任务实际完成结果。学习笔记主要是学生记录学习过程中的重难点，学习体会、学习收获等内容；任务问题需要学生回答在工作页相应任务中提出的问题；任务完成过程需要学生描述该任务完成的过程或步骤，相关参数设置的原则；任务实际完成时间需要学生记录该任务完成的实际所用时间；任务实际完成结果需要学生记录该任务完成后形成的成果。

3. 课程思政设计

一体化教学工作页设计注重学生综合素质的培养，是培养德智体美劳高素质技术技能人才的有效切入点。通过"我的表达"课程思政设计，落实立德树人根本任务，教师结合课程特点和教学内容，通过讲故事、看视频、解读具有丰富内涵的图片、组织有意义的活动等形式，培养学生爱岗敬业、勇于奉献、吃苦耐劳的精神，帮助学生树立正确的"三观"。

4. 评价方式设计

评价是职业教育高质量发展的阶段性终点，也是质量高低与否的"出口式"把关。多元评价是职业教育作为类型教育的显著特征。一体化教学工作页评价方式设计采用的是多元评价、动态评价、过程评价等多种方式，从学习主动性、工作态度、协作精神、表达能力、时间观念、纪律观念、作品质量、工作页质量八个方面进行过程评价，从自我评价、小组评价、教师评价、企业评价四个方面进行多元评价和动态评价，打破"学生评价单一化、人才选拔简单化"的局面，推动人才评价和选拔多元化，引导专业群学生多方向成长，充分张扬个性，促进健康成长。

5. 资讯信息化设计

一体化教学工作页实训教学凸显教育信息化的特点，方便学生随时随地进行学习。学生应用智能手机通过网络平台上的图片、视频、测试题等资料完成工作页中各项引导问题，提高学习效率；测试题以扫码闯关形式进行，让学习过程富有挑战性；实操步骤重点提示分解，让学生同步操作趋于规范化，同时工作页信息化设计能够及时反馈学生的学习动态，方便授课教师结合进度分层讲解。

五、一体化教学工作页使用情况分析

1. 增强学生的自学能力

用一体化教学工作页实施教学，使学生真正成为学习的主体，从中切实感受到学习的快乐和成就感。课前布置任务，学生进行查找准备，通过给出的纲目，了解更多知识内容。对于需要理解记忆的核心技能知识，教材以习题的形式巩固强调，使学生更容易掌握专业知识。

一体化教学培养学生的资料查阅、计划决策、质量控制、展示评价等方面的能力，在激发、培养学生自主学习、小组讨论、团队合作、展示自我的积极性与主动性上，激发学生学习的欲望和成就感。

2. 培养学生的综合职业能力

工作页学习任务基于企业的真实任务，展现行业新业态、新水平、新技术，培养学生综合职业素养；一体化教学工作页将专业学习与工作有机结合，使专业群学生明白纺织—染整—服装产业链上的工作流程和工作方法，为学生构建呈现一个结构清晰完整的工作过程。在传统教材中，学生可以轻而易举地找到老师讲课的内容，也能找到所要学习的知识点和技能点，学习起来相对比较轻松；而工作页基本是引导问题，要自己查阅资料、主动思考，要通过多种方式获取正确答案或解决办法，学习的压力明显增大，要求明显提高，从而促进学生关键能力的发展。专业群学生在学习过程中获取资料的主要途径是上网和查阅传统专业教材。教师要提前把需要的资源为学生准备好、整合好，并充分消化，引导学生进行探究式学习。学生要完成引导问题的回答，解决实际工作过程中出现的问题。

3. 存在的问题

工作页中的引导问题一般不会涉及具体指导学生如何进行技能操作，而是引导学生进行探究式学习，这必然会导致学生在技能的熟练程度上有明显不足；工作过程这条主线和围绕实现工作目标的必要技能训练，对实践教学的准确把握或有效指导不够，过分强调学生的自主学习，缺乏必要的示范指导，导致学生对一体化教学的技能指导产生误解。

六、结语

服装专业群共享课程一体化教学工作页的开发设计是一体化课程教学改革成果转化的关键。只有在充分理解其内涵的基础上，扎扎实实从目标解析开始，站在专业群的角度系统化梳理课程所有学习任务的学习内容，在工作页编写过程中始终以学习目标和学习内容为关键点设计适用的引导问题，才能开发出真正体现一体化课程特征的、不仅在形式上更是在内容上改革创新的一体化课程工作页。

附1

共享课程《纺织服装材料》
一体化工作页

项目课题：＿＿＿＿＿＿＿＿＿＿＿＿＿＿＿＿＿＿＿＿

班　　级：＿＿＿＿＿＿＿＿＿＿＿＿＿＿＿＿＿＿＿＿

姓　　名：＿＿＿＿＿＿＿＿＿＿＿＿＿＿＿＿＿＿＿＿

日　　期：＿＿＿＿＿＿＿＿＿＿＿＿＿＿＿＿＿＿＿＿

一体化工作页

课程	纺织服装材料		
项目	数码印花丝绸面料在服装及服饰设计中的应用		
课时	12课时	时间	2020年9月
上课地点	多媒体教室+面料小样室+丝绸数码印花工作室+服装工艺室		
需要的素材资源绘图软件	素材资源	1. 纺织网站 2. 印染网站 3. 服装设计网站	
	软件	1. 数码印花排版工具 2. Photoshop绘图软件 3. Coreldraw绘图软件	
学习组织形式	全班以小组为单位学习，分成8～10个小组，5人1个小组，其中组长1人，组员4人		
任务描述	学校为参加2020年中国—东盟博览会需要准备一批广西民族特色的数码印花丝绸产品参展，要求将广西民族元素融入产品设计中，同学们上网收集具有民族风格的数码印花丝绸产品		
项目分解			
学习任务1	认识丝绸面料		
学习任务2	丝绸面料织造工艺		
学习任务3	丝绸面料数码印花工艺		
学习任务4	数码印花丝绸面料在服装及服饰设计中的应用		

学习任务1描述表

课程	纺织服装材料		
任务名称	任务1　认识丝绸面料		
任务学时	6学时	上课地点	多媒体教室
一、学习目标			
1. 常见丝绸面料的品种和特点 2. 常见丝绸面料鉴别的方法 3. 常见丝绸面料的洗涤和保养方法 4. 数码印花丝绸的特点			
二、工作流程与活动			
活动1	认识常见丝绸面料的品种和特点		
活动2	说出常见丝绸面料鉴别的方法		
活动3	描述常见丝绸面料的洗涤和保养方法		
活动4	说出数码印花丝绸的特点		
三、学习引导			
知识认知	常见丝绸面料的品种和特点		
想一想 练一练 试一试	到面料市场收集制作服装丝绸面料小样		
作业展示	展示上传本小组收集到的面料小样图片		
作业表达	讲述本小组收集面料小样过程中的一个小故事		
项目评价	小组成员相互评价在本项目中的表现		

学习引导

> 知识重点
> 常见丝绸面料的品种和特点

一、常见丝绸面料的品种和特点

（1）常见的真丝面料品种大致有双绉（重绉）、乔其（烂花乔其、双乔、重乔）、桑波缎、素绉缎、弹力素绉缎、双宫丝/绸经编针织绸等几大类。

真丝的种类有很多种，每一种的质感和效果都不相同的。

①双绉：经高温定型，抗皱性较好。该面料组织稳定，印染饱和度较高，色泽鲜艳。重绉的优点在于面料悬垂性较好，抗皱性更强。

②乔其：有薄而透的乔其和烂花乔其，也有厚而糯的重乔。乔其的优点在于飘逸轻薄；重乔的优点在于挺括、回弹性强、悬垂性好，轻薄透，夏天作为裙子面料，有飘逸的美感，很适合年轻人，但这种面料易勾丝易起皱，不耐磨。

③桑波缎：属丝绸面料中的常规面料，缎面纹理清晰、古色古香，非常高贵。

④素绉缎：属丝绸面料中的常规面料，亮丽的缎面非常高贵，手感滑爽，组织密实，具有珍珠般的顺滑光泽，色彩亮丽，软糯下垂，富有弹性，能为肌肤带来超乎想象的丝滑触感，适合做_____。

⑤弹力素绉缎：成分为90%～95%桑蚕丝，5%～10%氨纶，属交织面料。弹性好、舒适，缩水率相对较小，风格独特，悬垂性相当好。真丝比例越大，手感越偏向绸缎，光泽越好。

⑥双宫丝/绸：又叫泰国丝，以桑蚕双宫茧为原料缫制的丝。也可在双宫茧批中掺入一定比例的上茧或次茧混合缫制。双宫丝的特征是丝条粗而颣节多，表面呈现明显的不规则疙瘩，质地坚挺厚实，织物别具风格，因双宫绸表面有闪光和疙瘩的特殊风格，也称疙瘩绸。

⑦经编针织绸：手感柔和、细腻、舒适，是针织真丝面料，科技含量高，属

高档精品，价格昂贵。

（2）衡量真丝面料厚薄度的单位为_____，简写为mm，_____数值越大，面料越厚实。

（3）_____既有双绉类织物比较抗皱的优点，又有缎类织物光滑柔软的特性，是常见真丝面料中最能体现真丝风格的一种，也是丝巾面料的首选。

二、常见丝绸面料鉴别的方法

（1）观察光泽。真丝绸的光泽_____而均匀，虽明亮但不刺目。人造丝织品光泽虽也明亮，但不柔和顺目。涤纶丝的光泽虽均匀，但有闪光或亮丝。

（2）手摸感觉。手摸真丝织品时有_____感觉，而其他化纤品则没有这种感觉。

（3）细察折痕。当手捏紧丝织品后再放开时，因其弹性好无_____。人造丝织品松手后有明显折痕，且折痕难以恢复原状。

（4）试纤拉力。在织品边缘处抽出几根纤维，用舌头将其润湿，如果不在润湿处被拉断，则是真丝，若在润湿处容易拉断，说明是人造丝。

（5）听摩擦声。由于蚕丝外表有丝胶保护而耐摩擦，故干燥的真丝织品在相互摩擦时会发出一种声响，俗称_____；而其他化纤品则无此声响出现。

三、常见丝绸面料的洗涤和保养方法

（1）丝绸面料的着色度不是很好，一般在曝晒后，经过水洗就会发白和褪色，把真丝面料的衣服放到3%_____溶液中浸泡可以去除白斑。

（2）丝绸面料相对比较"娇嫩"，洗涤时应选择_____，不宜_____，温水或冷水为宜，先将洗涤剂在水中搅匀后再放入衣物。

（3）丝绸面料宜使用_____，不宜使用_____性的洗涤用品，如洗衣粉、碱性肥皂、香皂等。最简单的方法，采用洗发水或沐浴露洗涤。

（4）丝绸面料晾晒时放在阴凉处任其滴水晾干，切忌阳光下_____。

（5）丝绸服饰熨烫时温度应控制在_____℃之间。熨斗不宜直接按触绸面，必须在上面加盖一层白色湿布再烫，以防高温使丝绸发脆，甚至烧焦。

四、数码印花丝绸的特点

（1）数码印花全过程实现_____，从而使印花产品的设计，生产不仅能快速反应其订单需求，而且有很大的随机性，可按需要进行柔性化生产，真正做到立等可取，令客户满意。

（2）由于数码印花丝绸的印花精度_____，印制效果_____，无论何种花型、多少种套色，全以直接印花方法完成，对颜色渐变、云纹等高精度图案的印制，拓展了纺织图案的设计空间。

（3）数码印花小批量生产印制，比传统印花成本＿＿＿＿＿＿＿＿＿＿，为适应品种、＿＿＿＿＿＿＿＿批量的市场打下良好的基础。

（4）数码印花丝绸可以用＿＿＿＿＿＿墨水（色牢度更好）或＿＿＿＿油墨（色域更广）进行印花。

（5）数码印花分为数码直接喷印与数码热转移印花。丝绸适合＿＿＿＿印，指用数码打印机在丝绸上直接打印出所需要的图案。

五、丝绸服装面料的鉴别［图（1）～图（3）］

| 图（1） | 图（2） | 图（3） |

以上属于素绉缎的是＿＿＿＿＿＿

以上属于双绉的是＿＿＿＿＿＿

以上属于电力纺的是＿＿＿＿＿＿

想一想　练一练　试一试

到面料市场收集制作服装的丝绸面料小样，用手机拍照后打印出来，贴在下面方框内。

作品表达

讲述本小组收集面料小样过程中的一个小故事。

标题：《　　　　　　》

任务评价

任务评价表

项目	自我评价			小组评价			教师评价		
	10~9	8~6	5~1	10~9	8~6	5~1	10~9	8~6	5~1
	占总评10%			占总评30%			占总评60%		
学习主动性									
工作态度									
协作精神									
表达能力									
时间观念									
纪律观念									
作品质量									
工作页质量									
小计									
总评									

学习任务2描述表

课程	纺织服装材料		
任务名称	任务2　丝绸面料织造工艺		
任务学时	12学时	上课地点	多媒体教室

一、学习目标

1. 概述丝绸面料织造工艺分类
2. 描述丝绸双绉的织造工艺
3. 描述丝绸素绉缎的织造工艺
4. 描述丝绸数码印花常用的丝绸品种

二、工作流程与活动

活动1	概述丝绸面料织造工艺分类
活动2	描述丝绸双绉的织造工艺
活动3	描述丝绸素绉缎的织造工艺
活动4	说出丝绸数码印花常用丝绸品种

三、学习引导

知识认知	丝绸面料的织造工艺流程
想一想 练一练 试一试	根据提供的双绉、素绉面料样板，写出面料的织造工艺
作业展示	根据学习活动任务，展示各小组制定的织造工艺
作业表达	展示各小组制定的面料织造工艺
项目评价	根据作业完成情况及小组内成员表现综合评价

HELP! 学习引导

> 知识重点
> 丝绸面料双绉、素绉缎的织造工艺

一、认识丝绸织造工艺的分类

丝织物有素织物与_____织物之分。素织物是表面平正素洁的织物，如电力纺、斜纹绸等；_____织物有小花纹织物，如涤纶绉，大花纹织物，如花软缎等。

另外，丝织品依据组织结构及纱线类别分为纱、罗、绫、绢、纺、绡、绉、锦、缎、绨、葛、呢、绒、绸14大类。目前常见的是以下四大类。

（1）纺类。应用_____纹组织构成平正、紧密又比较轻薄的花、素、条格织物，经纬纱一般不加捻，如电力纺、彩条纺。

（2）绉类。运用织造中各种工艺条件的作用、组织结构的作用（如强捻、张力强弱或原料强缩的特性等），使织物外观能近似_____效果，如乔其、双绉。

（3）绸类。织物的地纹可采用_____纹或各种变化组织，或同时混用其他组织，如织绣绸。

（4）缎类。织物地纹的全部或大部分采用_____纹组织的花素织物，表面平滑光亮、手感柔软，如花软缎、人丝缎。

二、丝绸双绉面料的织造工艺

1. 工艺流程

经丝：原料_____→浸渍→络丝→_____丝→捻丝→定形→倒筒→整经（分条）→穿、结经→_____→检验、整理

纬丝：原料检验→_____→络丝→并丝→捻丝→定形→倒筒

2．组织结构

12102按照14姆米（1姆米=4.30569g/m²）、双绉的经丝纬丝为强捻丝，二左二右排列，采用平纹组织。

3．织造工艺

织造工艺

品种	12102双绉	品种	12102双绉
织物经纱原料	桑蚕丝	织物纬纱原料	桑蚕丝
经纱/旦	20/22×2	纬纱/旦	20/22×4
经纱捻度/（捻/cm）	____	纬纱捻度/（捻/cm）	2Z 2S，23
经密/（根/cm）	60	纬密/（根/cm）	38
地组织每筘穿入数	2	坯布幅宽/cm	125
边组织筘穿入数	4	筘号/（筘/cm）	28.5
每边纱根数	48	筘幅/cm	131.6
总经根数	7548	纬缩率/%	5
组织结构	____纹	平方米克重/（g/m²）	60
成品幅宽/cm	114		

三、丝绸素绉缎面料的织造工艺

1．工艺流程

经丝：原料检验→浸渍→_____丝→并丝→_____丝→定形→倒筒→整经（分条）→穿结经→织造→检验、整理

纬丝：原料检验→浸渍→_____丝→并丝→捻丝→定形→_____筒→织造→检验、整理

2．组织结构

14101按照16姆米、绉缎的经丝为平丝，纬丝为_____捻丝，二左二右排列，采用缎纹组织。

3. 织造工艺

织造工艺

品种	14101素绉缎	品种	14101素绉缎
织物经纱原料	桑蚕丝	织物纬纱原料	桑蚕丝
经纱线密度/旦	2.22/2.44×2	纬纱线密度/旦	2.22/2.44×3
经纱捻度/（捻/cm）	＿＿＿	纬纱捻度/（捻/cm）	2Z 2S，26
经密/（根/cm）	100	纬密/（根/cm）	40
地组织每筘穿入数	2	坯布幅宽/cm	125
边组织筘穿入数	4	筘号/（筘/10cm）	48
每边纱根数	48	筘幅/cm	131.6
总经根数	12548	纬缩率/%	5
组织结构	＿＿＿枚缎纹	平方米克重/（g/m²）	70
成品幅宽/cm	114		

四、制作服装的常见丝绸品种

1. 电力纺

电力纺属于纺类，组织结构为＿＿＿＿＿＿纹组织，经纬丝无捻或弱捻；布料手感：外观平整细密、质地紧密细洁，光泽柔和，滑爽舒适。

重磅电力纺适合夏季制作衬衣裙子及儿童服装面料，中磅电力纺适合制作服装里料，轻磅的可作衬衣、衬裙、头巾、方巾、手帕等。

2. 双绉

双绉属于绉类。采用平经绉纬桑蚕丝制成的绉类丝织物。织物组织为＿＿＿＿＿＿纹组织；采用两种不同捻向的强捻纬纱以2S/2Z交替织入，形成绉效应而得名。双绉的特点：具有手感＿＿＿＿＿＿，弹性好，轻薄凉爽等特点，但是缩水率＿＿＿＿＿＿。

一般双绉在8～16mm之间，适合制作方巾、衬衣，长裙等；重磅双绉在20mm以上，适合制作西装、外衣、长裤等。

3. 斜纹绸

属于绸类。采用平纹、_____纹、缎纹及变化组织，或者在基础上提花，组织多变，其质地厚实平滑，有弹性，花型多。

一般斜纹绸在10～16mm之间，适合制作：领带、方巾、衬衣，长裙等。

4. 绉缎

属于缎类。全部或部分采用_____纹组织，经丝用精练丝加弱捻，纬丝用不加捻的生丝或者精练丝，其质地紧密柔软，绸面平滑光亮。

按照织造和外观，分为：

（1）素缎：表面_____，适合制作旗袍、领带、方巾等。

（2）花缎：表面有精致花纹图案，色泽淳朴、典雅，是一种简练的_____织物。适合制作旗袍、外衣、领带、长裙等。

（3）锦缎：表面_____，色泽瑰丽，图案精致。生产工艺复杂，经纬丝织前染色。适合制作旗袍、外衣、领带、唐装等。

想一想　练一练　试一试

根据提供的丝绸面料样板，写出其织造工艺流程。

作品表达

请将在本次任务中的收获和感想写出来。

👍 任务评价

任务评价表

项目	自我评价			小组评价			教师评价		
	10～9	8～6	5～1	10～9	8～6	5～1	10～9	8～6	5～1
	占总评10%			占总评30%			占总评60%		
学习主动性									
工作态度									
协作精神									
表达能力									
时间观念									
纪律观念									
作品质量									
工作页质量									
小计									
总评									

学习任务3描述表

课程	纺织服装材料		
任务名称	任务3 丝绸面料数码印花工艺		
任务学时	12学时	上课地点	多媒体教室
一、学习目标			
1. 说出丝绸面料数码印花工艺流程及工艺要点 2. 能分析描述丝绸面料数码印花的工艺要求 3. 能使用图形处理软件及打印控制软件调整打印效果 4. 能操作数码打印设备进行丝绸面料数码印花			
二、工作流程与活动			
活动1	分析丝绸面料数码印花的特点		
活动2	设计丝绸面料数码印花工艺		
活动3	实施丝绸面料数码印花		
三、学习引导			
知识认知	丝绸面料数码印花的过程		
想一想 练一练 试一试	选择一款数码印花丝绸服装或服饰品设计图，进行数码印花		
作业展示	上传并展示本小组的数码印花产品		
作业表达	分析总结实操过程、产品质量及收获		
项目评价	小组成员在本项目中的表现进行相互评价		

HELP! 学习引导

知识重点
1. 丝绸面料数码印花的特点分析
2. 丝绸面料的数码印花工艺

一、丝绸面料数码印花特点分析

数码印花丝绸面料色彩丰富，图像层次分明，手感良好，花型分布具有设计感，而丝绸的吸水性_____，因此，在进行丝绸面料数码印花前应进行审样，分析面料的特点，花型印制的精度、色彩、位置，正反面印花效果的要求等，为制定数码印花工艺提供依据。下面将对图（1）～图（2）的两款素绉缎产品的印花特点进行分析，确定它们对数码印花工艺分别有哪些要求。

图（1）

图（2）

审样分析表

	内容	印花特点	工艺要求
图（1）	花型	色块为主	糊料小于20%
	色泽	中浅	碱剂及尿素常规用量
	位置	有指定的位置	打印前设计图像位置
	正反面	无要求	不需渗透剂
图（2）	花型	线条为主	糊料大于20%
	色泽	中深	碱剂及尿素用量增加
	位置	无要求	打印前需要定大小
	正反面	正反面色差小	需要渗透剂

二、设计丝绸面料数码印花工艺

丝绸面料数码印花采用_____法进行，为确保花纹不渗化，印花前应对丝绸坯布_____，丝绸面料数码印花大多采用_____染料的墨水，因此印花前处理的用剂中除含有糊料外，还应加入_____和_____，便于染料在后处理时能充分溶解并固色。

根据审样的分析表，图（1）花型以色块为主，图像_____不高，前处理浆料可采用150g/L；面料色泽为中浅色，染料浓度_____，因此浆料中碱的用量25g/L，尿素的用量为80g/L。前处理应采用平网或圆网印花机上浆，以避免丝绸面料因滚筒的摩擦产生灰伤。

图（2）花型以线条为主，图像精细度高，前处量浆料采用200g/L，面料色泽为中深色，染料浓度高，因此浆料中碱的用量为30g/L，尿素用量为100g/L，考虑到正反面色泽不宜相差过大，应加入2g/L的_____，以达到渗透的效果。请根据上述的要求，分别写出图1和图2的前处理浆料配方。

图（1）浆料配方　　　　　　　图（2）浆料配方

三、实施丝绸面料数码印花

1. 丝绸面料数码印花的流程为：

①上浆→___②___→③数码印花→___④___→___⑤___

2. 请填写上列流程的②④⑤工序，说明第②④工序的加工条件以及④工序实施过程中容易产生的质量问题，提出解决办法。

3. 在数码印花工序中，应首先设置打印位置，打印位置可在打印机的控制面版上设置，也可在打印控制软件中设置，而图像打印的精度、浓淡、快慢均需要使用＿＿＿＿进行设置，在打印控制件中还可进行＿＿＿＿，使得多个图像能同时打印。

4. 数码打印前需要进行＿＿＿检查及＿＿＿清洗等，以确保喷头无堵塞，此外在打印过程中，还应注意观察打印的图像＿＿＿有无变化，以便及时处理，确保产品质量。面料打印完成，打卷前应＿＿＿，留样对色。固色水洗后，也需要留样检查。

想一想　练一练　试一试

设计一款丝绸面料数码印花工艺，完成一款运用广西民族元素设计的数码印花丝绸服装或围巾的制作，贴在下面方框里面。

作品表达

1. 请把本小组进行丝绸面料数码印花的过程记录下来，说明在此过程中需要关注的重点难点，并对产品质量进行分评定。

产品质量评定表

评定项目	评定结果（每个项目10分制）
图像清晰度	
色彩还原度	
图像总体效果	
产品手感	

2. 根据产品分析结果，查找本小组在设计工艺和实施工艺时存在的问题，并对应提出改进的措施。

_____

_____

_____

_____

_____

_____

_____

_____

_____

_____

_____

_____

_____

_____

_____

👍 任务评价

任务评价表

项目	自我评价			小组评价			教师评价		
	10~9	8~6	5~1	10~9	8~6	5~1	10~9	8~6	5~1
	占总评10%			占总评30%			占总评60%		
学习主动性									
工作态度									
协作精神									
表达能力									
时间观念									
纪律观念									
作品质量									
工作页质量									
小计									
总评									

学习任务4描述表

课程	纺织服装材料		
任务名称	任务4　数码印花丝绸面料在服装及服饰设计中的应用		
任务学时	12学时	上课地点	多媒体教室
一、学习目标			
1. 说出数码印花丝绸服装的特点 2. 描述数码印花丝绸在服饰设计中的应用手法 3. 描述数码印花工艺在服饰设计中的呈现效果 4. 完成一款运用广西民族元素的数码印花丝绸服装及丝巾设计 5. 准确表达本组作品的设计构思			
二、工作流程与活动			
活动1	认识数码印花丝绸服装的特点		
活动2	认识数码印花丝绸在服饰设计中的应用手法		
活动3	完成一款运用广西民族元素的数码印花丝绸服装及丝巾设计图		
活动4	表达本组作品的设计构思		
三、学习引导			
知识认知	数码印花丝绸在服饰设计中的应用手法		
想一想 练一练 试一试	绘制一款运用广西民族元素的数码印花丝绸服装及丝巾设计图		
作业展示	上传并展示本小组设计效果图		
作业表达	表达本组作品的设计构思		
项目评价	小组成员在本项目中的表现进行相互评价		

HELP! 学习引导

> 知识重点
> 数码印花丝绸面料在服装设计中的应用手法。

一、数码印花丝绸服装的特点

　　数码印花工艺弥补了传统印花工艺的缺陷，使烦琐的工艺简化，缩短了传统的印花工艺流程，缩短了订单周期，降低了印版制作和校对的成本。运用数码技术将各种图案打印在丝绸服装中，可以更好地将_____位置控制好，更好地展现出图案的精美。传统的设计手法已经不能满足当前设计师对于图案设计和颜色的选择，采用数码印花对图案和颜色进行设计和选择，避免了材料的浪费或者是_____的问题。它不会占用太多的资源，只是利用_____先设计图案，再进行改进，不会因图案不满意而发生其他问题，能使丝绸服装的立体感更好，更美观。

二、数码印花丝绸面料在服装设计中的应用手法 ［图（1）～图（12）］

图（1）　　　　　　　　　图（2）　　　　　　　　　图（3）

图（4） 图（5） 图（6）

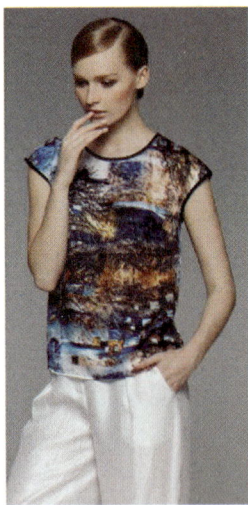

图（7） 图（8） 图（9）

1. 上图服装设计中整体应用数码印花面料的是＿＿＿＿＿＿＿＿＿＿＿，
局部应用数码印花面料的是＿＿＿＿＿＿＿＿＿＿＿＿＿＿＿＿＿＿，
拼接多种数码印花面料的是＿＿＿＿＿＿＿＿＿＿＿＿＿＿＿＿＿＿，
具体部位应用数码印花面料的是＿＿＿＿＿＿＿＿＿＿＿＿＿＿＿＿。
2. 上图服装设计中数码印花无中心型，大面积铺满表现形式的是＿＿＿＿＿＿＿
＿＿＿＿＿＿，中心型表现形式是＿＿＿＿＿＿＿＿＿。

图（10）   图（11）   图（12）

3. 上图服装设计中，将简单的图样进行重新搭配及组合的是_____。

4. 上图服装设计中，应用数码印花技术进行服装面料褶皱处理的是_____。

三、数码印花丝绸丝巾设计［图（13）～图（18）］

图（13）   图（14）

欣赏图（13）～图（18）所示数码印花丝巾设计，完成以下填空题。

1. _____和_____丝巾设计的重点，图案是色彩表达的重要载体，图案纹样的组合设计应用技术是丝巾的灵魂所在。

2. 采用数码印花后的丝巾呈现渐变颜色和无规则变化图形，又具有手感柔软、色牢度好的特点。

图（15）

图（16）

图（17）

图（18）

3．数码印花可将传统与现代图案相结合，找到设计元素，组成完整的主题，通过手绘板将图案绘制在_____中。

4．数码印花的图案和颜色只要控制得当，每一件产品基本相同，适用_____生产。

5．常见的数码印花丝巾面料类别包括：素绉缎、斜纹缎、真丝雪纺、真丝拉绒四种。其中，_____有厚重感，适合秋冬季节；_____薄、透等特点，适合夏天；_____光泽度比素绉缎好，不容易勾丝；_____光泽度好，但容易勾丝。

6．数码印花技术在丝巾设计中具有_____好和_____强的特点。

7．数码印花可以很好地控制图案的_____，只要图案的清晰度足够，印制效果非常清晰，色彩过渡更自然。

8．数码印花更加适用于图案比较复杂或者应用技术比较_____的图案。

9．设计师在设计丝巾时应把"艺术设计"与"技术设计"结合起来，对传统文化元素或民族元素进行创新应用，与现代＿＿＿＿＿＿＿＿印染技术相结合，使丝巾产品更具美学价值与实用价值。

想一想　练一练　试一试

完成一款运用广西民族元素的数码印花丝绸服装及丝巾设计图，打印出来，贴在下面方框里面。

作品表达

请把本小组系列作品的主题名称和设计构思写出来。

主题《　　　　　　》

设计构思：＿＿＿＿＿＿＿＿＿＿＿＿＿＿＿＿＿＿＿＿＿＿＿＿＿＿
＿＿＿＿＿＿＿＿＿＿＿＿＿＿＿＿＿＿＿＿＿＿＿＿＿＿＿＿＿＿＿＿
＿＿＿＿＿＿＿＿＿＿＿＿＿＿＿＿＿＿＿＿＿＿＿＿＿＿＿＿＿＿＿＿
＿＿＿＿＿＿＿＿＿＿＿＿＿＿＿＿＿＿＿＿＿＿＿＿＿＿＿＿＿＿＿＿
＿＿＿＿＿＿＿＿＿＿＿＿＿＿＿＿＿＿＿＿＿＿＿＿＿＿＿＿＿＿＿＿
＿＿＿＿＿＿＿＿＿＿＿＿＿＿＿＿＿＿＿＿＿＿＿＿＿＿＿＿＿＿＿＿

任务评价

任务评价表

项目	自我评价			小组评价			教师评价		
	10~9	8~6	5~1	10~9	8~6	5~1	10~9	8~6	5~1
	占总评10%			占总评30%			占总评60%		
学习主动性									
工作态度									
协作精神									
表达能力									
时间观念									
纪律观念									
作品质量									
工作页质量									
小计									
总评									

附2

共享课程《民族图案设计》
一体化工作页（一）

项目课题：＿＿＿＿＿＿＿＿＿＿＿＿＿＿＿＿＿＿＿＿

班　　级：＿＿＿＿＿＿＿＿＿＿＿＿＿＿＿＿＿＿＿＿

姓　　名：＿＿＿＿＿＿＿＿＿＿＿＿＿＿＿＿＿＿＿＿

日　　期：＿＿＿＿＿＿＿＿＿＿＿＿＿＿＿＿＿＿＿＿

一体化工作页

课程	民族图案设计		
项目	认识广西民族元素图案		
学时	12课时	时间	2020年12月
上课地点	服装设计实训室		
需要的素材资源	1. 民族元素图案素材库 2. 图案网站		
学习组织形式	全班以小组为单位学习，分成8～10个小组，5人1个小组，其中组长1人，组员4人		
任务描述	广西纺织工业学校为参加2021年广西"三月三"民歌节集市需要准备一批广西民族特色的服饰产品参展，要求将广西民族元素融入产品设计中，体现一定的广西民族特色，同学们上网和到户外收集广西民族元素图案并思考如何运用		
项目分解			
学习任务1	认识广西民族元素		
学习任务2	认识广西民族元素图案		
学习任务3	欣赏广西民族元素文创作品		
学习任务4	收集广西民族元素图案		

项目描述表

课程	民族图案设计
项目	认识广西民族元素图案

一、学习目标	
1. 认识广西民族元素有哪些 2. 认识运用广西民族元素的建筑、服装、园林等自然景观 3. 认识运用广西民族元素的文创产品 4. 认识广西民族图案的蕴含之意	

二、工作流程与活动	
活动1	列举广西民族元素有哪些
活动2	上网或到户外拍照收集运用广西民族元素的自然景观
活动3	上网或到户外拍照收集运用广西民族元素的文创产品
活动4	说出3个广西民族图案蕴含的意义

三、学习引导	
知识认知	提炼知识重点，认识广西民族元素
想一想 练一练 试一试	上网或到户外拍照收集具有广西民族元素的建筑、服装、园林等
作业展示	展示上传本小组收集的图片
作业表达	讲述本小组收集图片中的一个小故事
项目评价	小组成员在本项目中的表现进行相互评价

学习引导

知识重点
广西民族元素图案有哪些?

一、认识广西民族元素 [图（1）～图（6）]

图（1）

图（2）

图（3）

图（4）

1. 图（1）～图（6）中广西民族元素是＿＿＿＿＿＿、＿＿＿＿＿＿、

＿＿＿＿＿＿、＿＿＿＿＿＿、＿＿＿＿＿。

2. 你还能想到哪些广西民族元素。

＿＿＿＿＿＿＿＿＿＿＿、＿＿＿＿＿＿、＿＿＿＿＿＿＿

图（5）

图（6）

二、广西民族元素图案［图（7）~图（16）］

图（7）

图（8）

图（9）

图（10）

1. 说出上面每一幅图案对应的广西民族元素。

图（7）_____　图（8）_____　图（9）_____

图（10）_____　图（11）_____　图（12）_____

图（11）

图（12）

图（13）

图（14）

图（15）

图（16）

图（13）_____图（14）_____

图（15）_____图（16）_____

2. 图（7）~图（16）中广西民族元素图案具有哪些特点？

（1）_____。

（2）_____。

（3）＿＿＿＿＿＿＿＿＿＿＿＿＿＿＿＿＿＿＿＿＿＿＿＿＿＿＿＿。

3．说出下面图（17）~图（20）的文创产品分别运用了哪些广西民族元素。

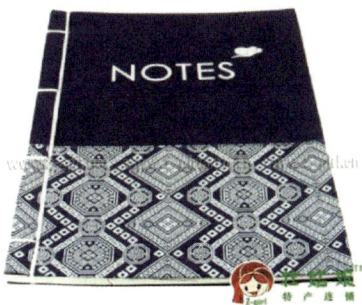

图（17）

图（18）

图（19）

图（20）

图（17）＿＿＿＿＿＿＿＿＿＿＿＿＿＿＿　　图（18）＿＿＿＿＿＿＿＿＿＿＿＿＿＿＿

图（19）＿＿＿＿＿＿＿＿＿＿＿＿＿＿＿　　图（20）＿＿＿＿＿＿＿＿＿＿＿＿＿＿＿

想一想　练一练　试一试

找一找身边运用广西民族元素设计的作品，拍照后打印出来，贴在下面的方框内。

作业表达

讲述本小组在收集图片过程中的一个小故事。

标题：《　　　　　》

_____

_____

_____

_____

_____

_____

任务评价

任务评价表

项目	自我评价			小组评价			教师评价		
	10~9	8~6	5~1	10~9	8~6	5~1	10~9	8~6	5~1
	占总评10%			占总评30%			占总评60%		
学习主动性									
工作态度									
协作精神									
表达能力									
时间观念									
纪律观念									
作品质量									
工作页质量									
小计									
总评									

共享课程《民族图案设计》
一体化工作页（二）

项目课题: _____

班　　级: _____

姓　　名: _____

日　　期: _____

一体化工作页

课程	民族图案设计		
项目	认识服饰刺绣图案		
学时	8课时	时间	2021年1月
上课地点	服装设计实训室		
需要的素材资源	1. 民族元素图案素材库 2. 图案网站		
学习组织形式	全班以小组为单位学习，分成8~10个小组，5人1个小组，其中组长1人，组员4人		
任务描述	广西纺织工业学校为参加2021年广西"三月三"民歌湖集市展需要准备一批特色的服饰手工产品参展，要求将不同类型的刺绣图案融入服饰品设计中，体现一定的文创手作特色，同学们上网和市场调研收集各类刺绣图案和针法并思考如何运用		
项目分解			
学习任务1	认识刺绣种类		
学习任务2	认识服饰刺绣图案		
学习任务3	欣赏刺绣文创作品		
学习任务4	收集服饰刺绣图案		

项目描述表

课程	民族图案设计		
项目	认识服饰刺绣图案		
学时		上课地点	

一、学习目标

1. 认识刺绣种类有哪些
2. 认识运用刺绣表现图案的服饰品
3. 认识运用刺绣图案的文创产品
4. 运用不同类型的刺绣图案进行服饰品设计

二、工作流程与活动

活动1	列举刺绣的种类有哪些
活动2	上网或到市场调研收集运用刺绣表现图案的服饰品
活动3	上网或市场调研收集运用刺绣表现图案的文创产品
活动4	刺绣图案的服饰品设计开发

三、学习引导

知识认知	提炼知识重点，认识刺绣种类及刺绣图案设计元素
想一想 练一练 试一试	上网或到市场调研收集运用刺绣表现图案的服饰品及文创产品
作业展示	展示上传本小组收集的图片
作业表达	刺绣图案的服饰品设计开发
项目评价	小组成员在本项目中的表现进行相互评价

HELP! 学习引导

> 知识重点
> 服饰品刺绣有哪些种类?

一、认识刺绣针法表现［图（1）~图（8）］

图（1）

图（2）

图（3）

图（4）

1. 图（1）~图（8）中运用刺绣针法有＿＿＿＿＿＿＿＿、
＿＿＿＿＿＿＿＿、＿＿＿＿＿＿＿＿、＿＿＿＿＿＿＿＿、
＿＿＿＿＿＿＿＿、＿＿＿＿＿＿＿＿、
＿＿＿＿＿＿＿＿。

2. 你还能想到的刺绣针法有＿＿＿＿＿＿＿＿＿＿＿＿＿＿＿。

图（5）

图（6）

图（7）

图（8）

二、服饰刺绣图案

1. 说出图（9）~图（14）对应的刺绣图案是运用什么元素进行设计的。

图（9）＿＿＿＿＿＿＿＿图（10）＿＿＿＿＿＿＿＿图（11）＿＿＿＿＿＿＿＿

图（12）＿＿＿＿＿＿＿＿图（13）＿＿＿＿＿＿＿＿图（14）＿＿＿＿＿＿＿＿

图（9）

图（10）

图（11）

图（12）

图（13）

图（14）

2. 图（9）～图（14）中服饰品的刺绣图案设计具有哪些共性与不同？

答：_____

_____

3. 说出图（15）～图（18）的刺绣属于四大名绣中的哪种绣法。

图（15）_____ 图（16）_____

图（17）_____ 图（18）_____

图（15）

图（16）

图（17）

图（18）

想一想　练一练　试一试

找一找身边运用刺绣图案设计的作品，拍照后打印出来，贴在下面方框内。

作品的构思

请把本小组设计的作品主题名称和设计构思写出来。

主题：《　　　　　》

设计构思：_____

_____

_____

_____

_____

_____

_____

作业表达

手绘服饰品刺绣图案设计稿。

任务评价

任务评价表

项目	自我评价			小组评价			教师评价		
	10~9	8~6	5~1	10~9	8~6	5~1	10~9	8~6	5~1
	占总评10%			占总评30%			占总评60%		
学习主动性									
工作态度									
协作精神									
表达能力									
时间观念									
纪律观念									
作品质量									
工作页质量									
小计									
总评									

共享课程《民族图案设计》
一体化工作页（三）

项目课题：_____

班　　级：_____

姓　　名：_____

日　　期：_____

一体化工作页

课程	民族图案设计		
项目	认识壮锦纹样		
学时	12课时	时间	2021年1月
上课地点	服装设计实训室		
需要的 素材资源	1. 广西壮锦纹样图案素材库 2. 壮锦纹样图案网站		
学习组织形式	全班以小组为单位学习，分成8～10个小组，5人1个小组，组长1人，组员4人		
任务描述	广西纺织工业学校为参加2021年广西"三月三"民歌节集市需要准备一批广西民族特色的服饰产品参展，要求将广西特色壮锦纹样融入服饰品设计中去，同学们需要上网和到户外收集广西传统壮锦纹样与广西现代壮锦纹样，并思考如何运用于广西民族服饰品中		
项目分解			
学习任务1	认识广西传统壮锦纹样		
学习任务2	认识广西现代壮锦纹样		
学习任务3	欣赏广西壮锦纹样文创作品		
学习任务4	收集广西壮锦纹样		

项目描述表

课程	壮锦纹样
项目	认识广西壮锦纹样

一、学习目标	

1. 认识广西传统壮锦纹样有哪些
2. 认识身边运用壮锦纹样的建筑、服装、园林等自然景观设计
3. 认识运用广西壮锦纹样的文创产品
4. 说出3个广西壮锦纹样的蕴含之意

二、工作流程与活动	
活动1	列举广西传统壮锦纹样有哪些
活动2	上网或到户外拍照收集带有广西壮锦纹样元素的自然景观
活动3	上网或到户外拍照收集运用广西壮锦纹样元素设计的文创产品
活动4	说出3个广西壮锦纹样蕴含的意义

三、学习引导	
知识认知	提炼知识重点，认识壮锦纹样蕴含的意义
想一想 练一练 试一试	上网或到户外拍照收集带有壮锦纹样元素的建筑、服装、园林等
作业展示	展示上传本小组收集运用壮锦纹样元素设计的文创产品图片
作业表达	讲述本小组在收集壮锦纹样过程中的一个小故事
项目评价	小组成员在本项目中的表现进行相互评价

HELP! 学习引导

> 知识重点
> 广西传统的壮锦纹样有哪些?

一、认识壮锦纹样 [图（1）~图（4）]

图（1）

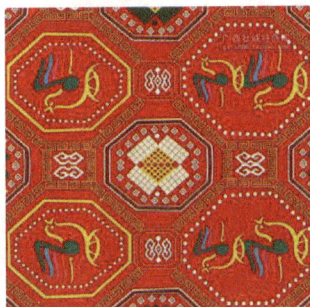

图（2）

图（3）

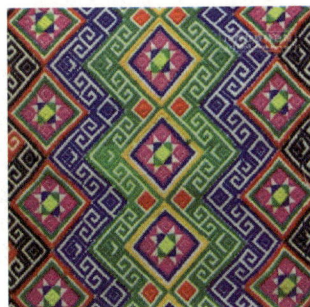

图（4）

1. 图（1）~图（4）中的壮锦纹样是＿＿＿＿＿＿＿＿＿＿＿＿＿＿、
＿＿＿＿＿＿＿＿＿＿、＿＿＿＿＿＿＿＿＿＿、＿＿＿＿＿＿＿＿＿＿。

2. 你还能想到的壮锦纹样有＿＿＿＿＿＿、＿＿＿＿＿＿、＿＿＿＿＿＿
＿＿＿＿＿＿、＿＿＿＿＿＿等。

二、广西壮锦纹样名称［图（5）～图（14）］

图（5）

图（6）

图（7）

图（8）

图（9）

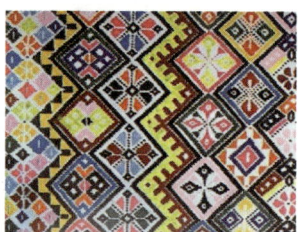

图（10）

图（11）

图（12）

图（13）

图（14）

1. 说出图（5）～图（14）对应的壮锦纹样分类。

图（5）＿＿＿＿＿＿＿＿ 图（6）＿＿＿＿＿＿＿＿ 图（7）＿＿＿＿＿＿＿＿

图（8）＿＿＿＿＿＿＿＿ 图（9）＿＿＿＿＿＿＿＿ 图（10）＿＿＿＿＿＿＿＿

图（11）＿＿＿＿＿＿＿＿ 图（12）＿＿＿＿＿＿＿＿ 图（13）＿＿＿＿＿＿＿＿

图（14）_____

2. 图（5）～图（14）中的广西壮锦纹样具有哪些特点？

（1）_____。

（2）_____。

3. 说出图（15）、图（16）的壮锦纹样中分别运用了哪些纹样进行组合。

 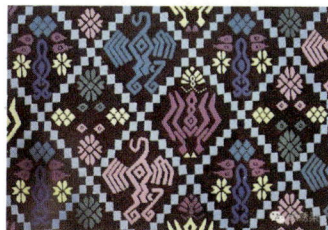

图（15）　　　　　　　　　　图（16）

图（15）_____　图（16）_____

想一想　练一练　试一试

　　找一找身边运用广西壮锦纹样元素设计的文创作品，拍照后打印出来，贴在下面的方框内。

作业表达

讲述本小组在收集壮锦纹样过程中的一个小故事。

标题：《   》

_____

_____

_____

_____

_____

_____

任务评价

任务评价表

项目	自我评价			小组评价			教师评价		
	10~9	8~6	5~1	10~9	8~6	5~1	10~9	8~6	5~1
	占总评10%			占总评30%			占总评60%		
学习主动性									
工作态度									
协作精神									
表达能力									
时间观念									
纪律观念									
作品质量									
工作页质量									
小计									
总评									

共享课程《民族图案设计》
一体化工作页（四）

项目课题：＿＿＿＿＿＿＿＿＿＿＿＿＿＿＿＿＿

班　　级：＿＿＿＿＿＿＿＿＿＿＿＿＿＿＿＿＿

姓　　名：＿＿＿＿＿＿＿＿＿＿＿＿＿＿＿＿＿

日　　期：＿＿＿＿＿＿＿＿＿＿＿＿＿＿＿＿＿

一体化工作页

课程	民族图案设计		
项目	扎染与蜡染		
课时	12课时	时间	2020年3～5月
上课地点	民族印染技艺实训室		
所需面料、染料、材料及设备	1. 纯棉织物、纯麻中厚织物 2. 直接染料、活性染料、靛蓝染料、元明粉、纯碱、石蜡、蜂蜡、保险粉和烧碱 3. 针、线、剪刀、毛笔或笔刷、蜡刀、熔蜡锅、电炉、染锅 4. 电熨斗		
学习组织形式	全班以小组为单位学习，分成8～10个小组，5人1个小组，其中组长1人，组员4人		
任务描述	1. 利用针缝扎法在纯棉方巾上制作具有广西壮族特色的"绣球"扎染作品。 2. 制作铜鼓纹样的蜡染挂画		
项目分解			
学习任务1	扎染：扎染准备		
学习任务2	扎染：扎染针法		
学习任务3	扎染：染色及后整理		
学习任务4	蜡染：蜡染准备		
学习任务5	蜡染：涂蜡、冰纹处理、染色、除蜡		

学习任务1描述表

课程	民族图案设计		
任务名称	任务1 广西"绣球"扎染图案		
任务学时	6学时	上课地点	民族印染技艺实训室
一、学习目标			
1. 自主设计绣球整体图案 2. 灵活应用点、线、面等扎染技法 3. 完成一款广西"绣球"扎染图案 4. 写出"绣球"扎染图案的工艺流程			
二、工作流程与活动			
活动1	扎染前准备		
活动2	扎染针法运用		
活动3	扎染染色及后整理		
活动4	完成一款广西"绣球"扎染图案		
三、学习引导			
知识认知	提炼知识重点,将广西民族元素图案运用于扎染作品中		
想一想 练一练 试一试	完成一款"绣球"扎染图案		
作品展示	展示本小组设计作品		
作品构思表达	表达作品的设计构思		
任务评价	小组成员在本项目中的表现进行相互评价		

HELP! **学习引导**

> 知识重点
> 完成一款广西"绣球"扎染图案

一、扎染前准备

手工扎染制作主要选用_____纤维纺织品，由于在扎制过程中织物会受到拉扯等外力，最好不要选用黏胶类织物。为了更能体现传统的粗线条美感，可以选择_____粗布或者比较厚实的麻布。

二、图案设计

选择在1m×1m的麻布上进行扎染，先进行绣球_____整体的设计，绣球不能太小，太小不好扎制，也不要太大，线条、花朵、茎及叶的比例应与实物相称。

三、扎染流程

扎染的流程一般可分为描稿（画轮廓线）、针缝、抽线捆扎、染料及助剂称量、染色及后处理五个步骤。

1. 描稿

用_____中性笔沿图案边沿描线，描图的轮廓线应清晰［图（1）］。

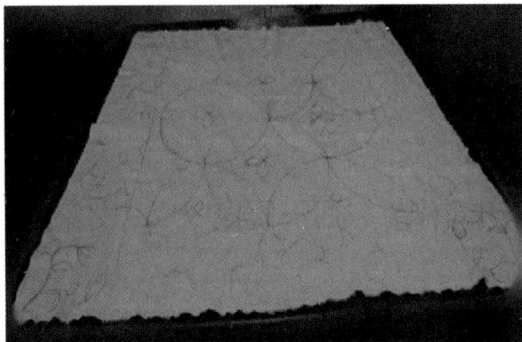

图（1）　描稿

2. 针缝

针缝方法用____针串缝法，针脚的大小可根据布的厚度及纤维的细度相应变化，布越厚、纤维细度越____，应该选择越____的针脚（0.3cm左右）。另外，可以尝试用对折串缝法缝制正四边形的轮廓［图（2）］。

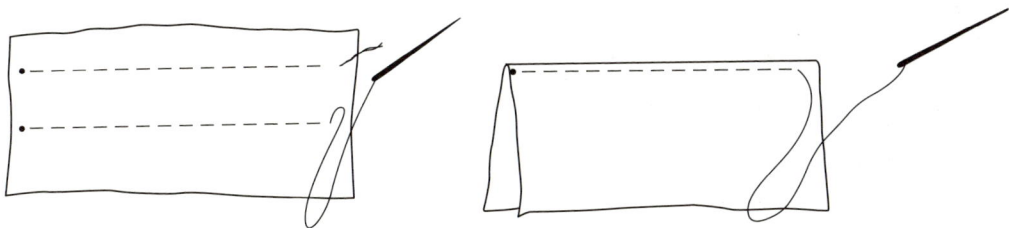

图（2）　针缝

3. 抽线捆扎

由于方巾涉及的图案比较繁杂，在抽线时要注意先后顺序，一般来说，抽线的原则为"先____后____、先小后大、先短后长"，这样才能保证不漏抽，图案不松垮缺线。

（1）抽紧绣球的一个椭圆形图案，用捆扎的方法扎紧，捆绑得越____，留白就越白，因此捆扎的松紧度可由之前的设计图案决定［图（3）］。

（2）圆形图案捆扎后的效果［图（4）］。

（3）方巾四角的图案抽紧后在空闲的两端系紧［图（5）］。

图（3）　捆扎　　　　　图（4）　捆扎后的效果　　　　　图（5）　系紧

（4）最后将正方形四边分别____，两端____。方巾的各典型图案扎结法如图（6）所示。

4. 染料及助剂称量

对于深颜色的织物应使用大于2%（对织物重）的染料，同时盐碱的用量也要相应地____。由于直接染料不耐硬水，容易产生色斑和色点问题，所以染料的溶解和染色用水都应该选择____水。

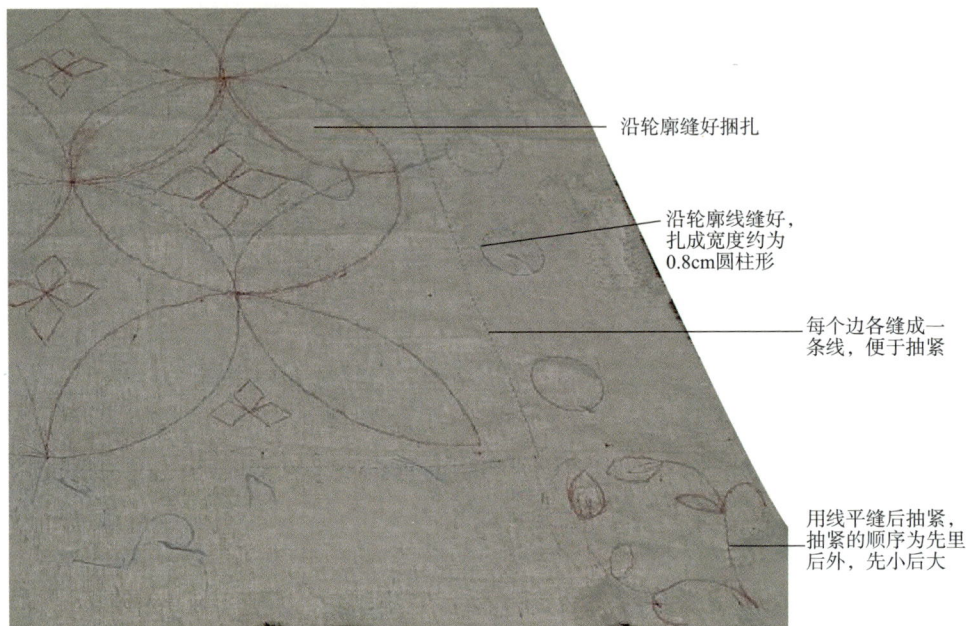

沿轮廓缝好捆扎

沿轮廓线缝好，扎成宽度约为0.8cm圆柱形

每个边各缝成一条线，便于抽紧

用线平缝后抽紧，抽紧的顺序为先里后外，先小后大

图（6）　典型图案扎结法示意图

5．染色及后处理

染色流程及条件：倒入染料搅匀→40～50℃放入织物→20min升温至90℃→加1/2食盐→15min后加另1/2食盐→90～95℃保温染30min→＿＿＿＿水洗→拆线→烘干（熨干），如图（7）～图（10）所示。

图（7）　40～50℃时放入织物始染

图（8）　染液到达90℃时取出织物，倒入食盐促染

图（9）　染色后冷水冲洗织物　　　　图（10）　扎染好的绣球图案

四、举一反三

运用上面学过的绣球团扎染方法，尝试完成图（11）所示的铜鼓纹方巾扎染。

图（11）

想一想　练一练　试一试

将本小组完成的扎染的绣球图案拍照后贴在下面的方框里面。

作业表达

讲述本小组在扎染过程中的一个小故事。

标题：《　　　　　》

_____

_____

_____

_____

_____

任务评价

任务评价表

项目	自我评价			小组评价			教师评价		
	10～9	8～6	5～1	10～9	8～6	5～1	10～9	8～6	5～1
	占总评10%			占总评30%			占总评60%		
学习主动性									
工作态度									
协作精神									
表达能力									
时间观念									
纪律观念									
作品质量									
工作页质量									
小计									
总评									

学习任务2描述表

课程	民族图案设计		
任务名称	任务2　广西铜鼓纹蜡染图案		
任务学时	6学时	上课地点	民族印染技艺实训室
一、学习目标			
1. 认识铜鼓纹图案 2. 自主设计一款铜鼓纹整体图案 3. 运用蜡染技法对织物进行靛蓝染料染色 4. 完成一款广西铜鼓纹蜡染图案			
二、工作流程与活动			
活动1	上网查阅和收集铜鼓纹图案		
活动2	蜡染前准备		
活动3	蜡染技法运用		
活动4	靛蓝染料染色及蜡染后整理		
活动5	完成一款广西铜鼓纹蜡染图案		
三、学习引导			
知识认知	提炼知识重点，将广西民族元素图案运用于蜡染作品中		
想一想 练一练 试一试	完成一款铜鼓纹蜡染图案		
作品展示	展示本小组设计作品		
作品构思表达	表达作品的设计构思		
任务评价	小组成员在本项目中的表现进行相互评价		

HELP! 学习引导

> 知识重点
> 完成一款广西铜鼓纹蜡染图案

一、认识铜鼓纹图案

1. 铜鼓的外形

铜鼓的大小、轻重不一，鼓面多铸有太阳纹、翎眼纹、云纹、乳钉纹、栉纹、游旗纹等纹饰。

2. 铜鼓纹的内涵

（1）太阳纹：壮族人民对太阳极为崇拜，民间有"太阳与月亮"的传说。

（2）云雷纹：铜鼓上的连续回旋形构造，方形的叫_____纹，圆形的叫_____纹，这是壮族先民在农业耕种中对_____的反映。

（3）蛙纹：鼓面饰有四至八只蛙，有的大蛙负小蛙，有的大蛙中还有数只小蛙，这是古人对蛙的崇拜。

（4）竹节纹：在古代僚人和近代仫佬族中，保存有对竹王的传说和崇拜。

（5）划船纹：跟濮族住于濮水有关。

（6）骑马纹：古代壮族人有骑马习惯，明代称广西为陆梁之地，宜于骑马，产马也多，反映出壮族人民的骁勇。

二、扎染前准备

（1）织物准备：准备一块50cm×50cm的纯棉或纯麻中厚织物。

（2）工具和材料的准备：用到的工具及材料主要有毛笔或笔刷、蜡刀、熔蜡锅、电炉、石蜡、蜂蜡、靛蓝染料、保险粉和烧碱。如图（1）所示。

三、蜡染流程

蜡染流程一般可分为图案设计、绘稿、涂蜡、冰纹处理、染色、脱蜡、整理七个步骤。

图（1）　工具和材料的准备

1．图案设计

（1）铜鼓纹是广西壮族常见的传统图案，在设计方巾图案时，可设计为外圆内方的布局，中心圆形纹样为传统的铜鼓纹，四角是四尺变形的蝴蝶或花卉。

（2）在铜鼓纹与角纹之间采用____纹。

（3）铜鼓纹以铜鼓面的文饰为蜡染纹样，整体图案为_____形，中心是_____，周围是光芒，因此也叫___纹。

2．绘稿

（1）可用水性笔或铅笔在织物上直接作画，如果图中出现几个相同的图形，可以先用硬塑料片沿形状剪出一个_____，画相同图形的时候，可以用模子作画，效果会事半功倍。

（2）织物的整洁轮廓线不必太___，只要在画蜡时能看清线形就可以了。

3．涂蜡［图（2）］

（1）熔蜡时，取石蜡与蜂蜡质量比为7∶3的混合蜡放在搪瓷杯、碗里（也可用不锈钢容器），用电炉或者酒精炉、木炭炉直接加热，使得固状的蜡渐渐变成____体，为上蜡作好准备。

（2）涂蜡的顺序应该是先____后____，细线条或有尖角的地方可以用蜡刀涂，涂大块面应先用细小毛刷涂____，大毛刷涂____。正面涂好后再翻过来涂背面，使得蜡均匀地附着在所设计的图形内。

4．揉蜡冰纹处理［图（3）］

将已经涂好蜡的织物团成一团，轻轻捏一下。不要太用力，也不要多捏，这样形成的裂纹更加自然。

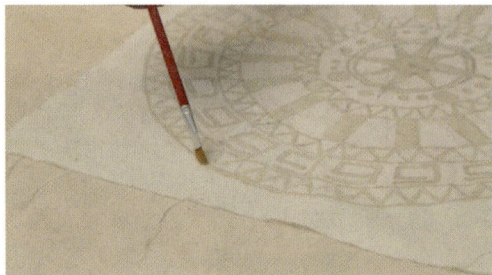

图（2） 涂蜡

图（3） 揉蜡冰纹处理

5．染色

（1）染料的配制：按照1∶1∶1的质量比例称出靛蓝染料、烧碱和保险粉〔图（4）～图（6）〕，一般靛蓝染料5g可以染制200g织物。

（2）搅匀、静置15min后，染料已经还原成隐色体，此时的染液内部颜色为_____色〔图（7）〕。

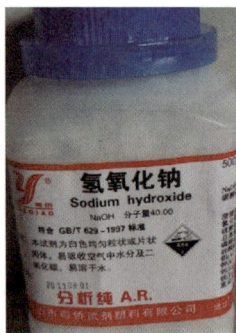

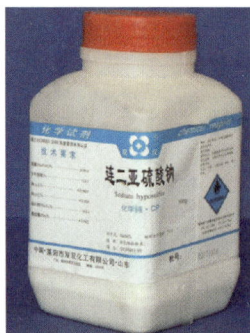

图（4） 染料及助剂

图（5） 少量水中加入
染料和烧碱，调成浆状

图（6） 加入保险粉进行还原

图（7） 静置还原

6. 染色（还原和氧化）

（1）还原：用玻棒压下织物，使织物浸没于染液中。如果织物露出液面，将使得织物局部染色变___不匀［图（8）］。

图（8）　将做冰纹处理后的织物放进靛蓝还原液中

（2）氧化浸染［图（9）］：还原15min后，将织物取出，暴露在空气中氧化约15min，此时染料从可溶于水的_____变成不溶于水的____，固着在织物的表面。手指尽量少接触织物，否则接触部位会因手指的摩擦作用使染料量变少，造成局部色泽变浅。

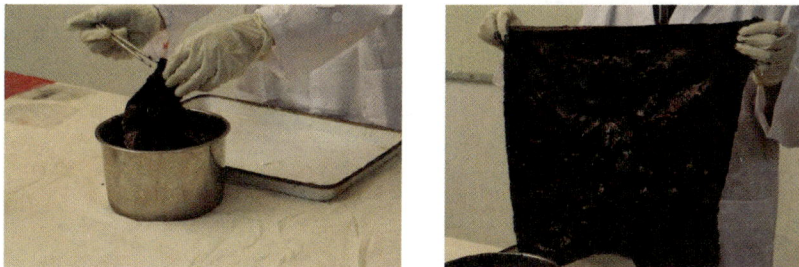

图（9）　氧化浸染

（3）还原15min，氧化15min。反复如此，直至得到所需要的颜色与染液的_____有关，如果配制的染液为3g/L，一般要反复2～3次才能达到深蓝色，即停止染色。

7. 脱蜡［图（10）］

（1）染色后先在冷水下冲洗，冷水冲洗的目的有两个，一是去除未与纤维结合的染料，二是进一步促使染料_____成色淀固着在织物上。

（2）常用的脱蜡方法有两种，一种是烫蜡吸附法，另一种是沸水煮蜡法。沸水煮蜡法是把染色后的蜡染织物放入_____水中烧煮5～10min，待蜡熔化漂浮于水面上时，及时用洗水性能好的纸巾吸附，同时快速把布捞出做后续的水洗后处理。

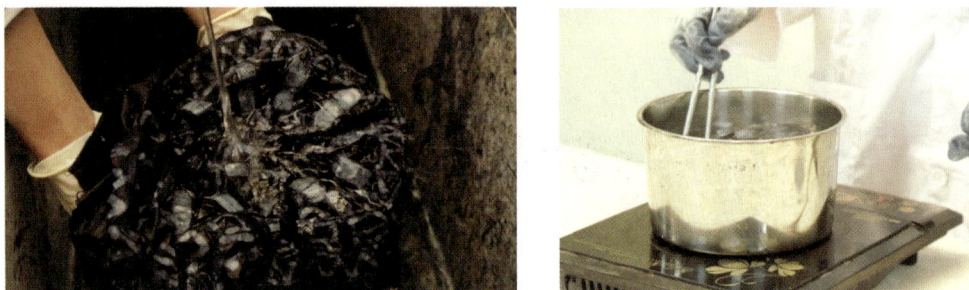

图（10） 脱蜡

8. 后处理

水洗干净后放入烘箱中烘干，最后用电熨斗烫平，一幅具有广西民族特色的铜鼓纹蜡染挂画就完成了。

想一想　练一练　试一试

将本小组完成的广西铜鼓纹蜡染图案拍照后贴在下面的方框内。

作业表达

讲述本小组在蜡染过程中的一个小故事。

标题：《　　　　　　》

_____

_____

_____

_____

_____

任务评价

任务评价表

项目	自我评价			小组评价			教师评价		
	10~9	8~6	5~1	10~9	8~6	5~1	10~9	8~6	5~1
	占总评10%			占总评30%			占总评60%		
学习主动性									
工作态度									
协作精神									
表达能力									
时间观念									
纪律观念									
作品质量									
工作页质量									
小计									
总评									

附3

共享课程《染织绣服饰品开发实训》
一体化工作页

项目课题：_____

班　　级：_____

姓　　名：_____

日　　期：_____

一体化工作页

课程	染织绣服饰品开发实训		
项目	广西民族元素数码印花服饰品开发		
课时	56课时	时间	_____年__月__日至_____年__月__日
上课地点	多媒体教室+丝绸数码印花工作室+服装工艺室		
需要的 素材资源 绘图软件 硬件设备 制作材料	素材 资源	1. 民族元素图案素材库 2. 图案网站	
	软件	1. 民族元素图案素材库 2. 数码印花排版工具 3. Photoshop绘图软件 4. Coreldraw绘图软件	
	硬件 设备	1. 直喷数码印花机+汽蒸机 2. 热转印数码印花机 3. 电脑平缝机+蒸汽熨斗	
	制作 材料	1. 丝绸、涤纶、涤棉、棉麻等面料 2. 拉链、黏合衬、流苏、抽绳等辅料	
学习组织形式	全班以小组为单位，分成8个小组，6~8人1组，组长1人		
任务描述	广西纺织工业学校为参加2021年广西"三月三"民歌节需要准备一批广西民族特色的服饰产品参展，有丝巾、帆布包、抱枕套、收纳袋、纸巾袋、香囊、束口袋、围裙、袖套、桌旗、杯垫等品种。每个品种一个系列，一个系列3~5款		
项目分解			
学习任务1	民族服饰品设计		
学习任务2	民族服饰品样品试制		
学习任务3	民族服饰品图案图形处理		
学习任务4	民族服饰品数码印花		
学习任务5	民族服饰品制作		
学习任务6	民族服饰品销售与展示		

学习任务1描述表

课程	染织绣服饰品开发实训		
任务名称	任务1 民族服饰品设计		
任务学时	12学时	上课地点	多媒体教室
一、学习目标			
1. 认识民族服饰品设计 2. 民族元素图案在服饰品设计中的运用手法 3. 完成本小组的系列民族服饰品设计 4. 手绘本小组的系列产品设计图			
二、工作流程与活动			
活动1	上网收集本小组民族服饰品设计的相关素材		
活动2	认识民族服饰品设计		
活动3	认识民族元素图案在本小组产品中的运用手法		
活动4	完成本小组民族服饰品设计		
三、学习引导			
知识认知	提炼知识重点，复习广西民族元素图案		
想一想 练一练 试一试	将广西民族元素图案运用在本小组服饰品设计中		
作品展示	展示本小组民族服饰品的设计图		
作品构思表达	表达产品设计构思和实训感想		
任务评价	小组成员在本次任务中的表现进行相互评价		

HELP! 学习引导

> 知识和技能重点
> 1. 了解广西民族元素图案在服饰产品中的运用手法
> 2. 将广西民族元素图案运用在本小组服饰品设计中

一、认识民族服饰品设计

1. 民族服饰品应该在材料、色彩、＿＿＿＿＿＿、＿＿＿＿＿＿、造型五方面用艺术手法进行发展、变化和美化，在民族传统服饰基础上，选取具有典型性和代表性的民族元素进行很好地应用。

2. 民族文化特征与时代要求相结合的服饰品开发形式，并不只是在现代流行的某种服饰品中加入某个图案，或运用某种民族的某种色彩，那样未免牵强，抓住民族元素的＿＿＿＿＿＿和＿＿＿＿＿＿，让民族文化精神巧妙地融入服饰品设计中，既能体现本土文化传承，又能顺应时尚潮流。

3. ＿＿＿＿＿＿作为服饰品设计的重要元素，图案是形成服饰品风格的主要元素，可以是平面的，也可以是立体的。

4. 在设计民族服饰品时，应减少＿＿＿＿＿＿与传统民族文化的摩擦，避免简单照搬民族元素，应该紧跟市场的需求，设计出既有民族风格，又受大家欢迎的服饰品。

5. 现代服饰品设计通过对传统中国民族元素的选取以及将其与现代工艺的融合，实现对传统民族工艺的继承和发扬。同时，民族传统的纹样、样式、造型、工艺手法等元素通过变形和＿＿＿＿＿＿进入设计之中。

6. 在现代服饰品表现手法上，适当通过现代的思维方式与生活方式，将服饰品的造型、色彩、面料与现代时尚潮流完美结合，来诠释具有民族特色的服饰品设计，也就是说汲取民族文化的精髓，借鉴、继承、＿＿＿＿＿＿、发展并赋予其新的形式、新的变化。

7. 广西壮族民族服饰品图案非常丰富，花鸟鱼虫都有。如花草类的图案主要有菊花、梅花等，动物类的图案主要有＿＿＿＿＿＿、小鱼等，另外还有雷电、风雨等自然景观图案。

二、民族元素图案在服饰品中的运用设计

1. 本小组产品的材质种类有_____种，分别是_____、_____、_____、_____。

2. 本小组设计的服饰产品款式特征是：_____

_____

3. 本小组设计的服饰产品运用了_____民族元素图案。

4. 图（1）所示的摆件设计中，重点运用了_____元素。

5. 上网收集两款运用广西民族元素图案的_____产品，图片打印后贴在下面方框中。

图（1）摆件设计

想一想　练一练　试一试

展示本小组的民族服饰品设计图。

作品的构思

请把本小组系列作品的主题名称和设计构思写出来。

标题：《　　　　　　》

设计构思：

我的表达

请将在本次任务中的收获和感想写出来。

_____

_____

_____

_____

_____

_____

_____

任务评价

任务评价表

项目	自我评价			小组评价			教师评价		
	10~9	8~6	5~1	10~9	8~6	5~1	10~9	8~6	5~1
	占总评10%			占总评30%			占总评60%		
学习主动性									
工作态度									
协作精神									
表达能力									
时间观念									
纪律观念									
作品质量									
工作页质量									
小计									
总评									

学习任务2描述表

课程	染织绣服饰品开发实训
任务名称	任务2　民族服饰品样品试制

任务学时	12学时	上课地点	服装工艺实训室、服装工作室

一、学习目标

1. 样品制版流程
2. 样品试制的目的
3. 样品试制之前的准备工作
4. 样品试制不合格后的工作
5. 写出本组样品试制的工艺流程

二、工作流程与活动

活动1	描述样品制版流程
活动2	描述样品试制之前的面辅料准备
活动3	完成本小组的样品试制
活动4	样品意见反馈及修改

三、学习引导

知识认知	正确认识样品试制的重要性
想一想 练一练 试一试	完成本小组产品的样品试制
作品展示	展示本小组产品的样品试制图
书面表达	拟写本小组样品试制的工艺流程
任务评价	小组成员在本次任务中的表现进行相互评价

HELP! 学习引导

> 知识和技能重点
> 1. 认识样品试制的重要性
> 2. 完成本小组产品的样品试制

完成以下民族服饰品样品试制流程的填空题

1. 样品制版

分析款式特征→选择样品中间_____→确定细部_____→作结构设计图→考虑缩缝量、烫缝量等因素，进行放缝、加贴边、做对位标记→剪成纸样

2. 面辅料准备

分析款式图特征→计算本小组产品所需面料和辅料的_____→挑选符合设计图要求的面料和辅料

3. 面料裁剪

纸样的排版_____→面料裁剪→整理裁片

4. 样品制作工艺

样品制作方案确定→裁片粘衬或粘衬→样品制作过程→样品质量_____

5. 样品意见反馈及修改

样品效果意见反馈→鉴定产品_____（造型、尺寸、材料）是否符合要求→不合格返工重新_____→样品最终确认

想一想 练一练 试一试

展示本小组的试制样品图

实操小结

将本小组产品过程中遇到的问题及解决方法记录下来

问题及解决方法记录表

序号	问题	解决方法

我的表达

请将在本次任务中的收获和感想写出来。

👍 任务评价

任务评价表

项目	自我评价			小组评价			教师评价		
	10～9	8～6	5～1	10～9	8～6	5～1	10～9	8～6	5～1
	占总评10%			占总评30%			占总评60%		
学习主动性									
工作态度									
协作精神									
表达能力									
时间观念									
纪律观念									
作品质量									
工作页质量									
小计									
总评									

学习任务3描述表

课程	染织绣服饰品开发实训		
任务名称	任务3 民族服饰品图案图形处理		
任务学时	4学时	上课地点	服装电脑设计实训室

一、学习目标

1. 说出1~2款民族图案设计的方法
2. 描述"MENOGGA 米洛甲"品牌形象设计案例特征
3. 说出典型民族图案设计方法
4. 合作完成本小组系列民族图案设计

二、工作流程与活动

活动1	广西民族元素文创作品欣赏
活动2	"MENOGGA 米洛甲"品牌形象设计案例展示
活动3	广西铜鼓图案设计的重点与难点
活动4	用CorelDRAW、PS或AI软件完成本小组的民族图案设计

三、学习引导

知识认知	提炼知识重点，学生独立完成民族图案设计
想一想 练一练 试一试	学生独立完成民族图案的图形处理
作业展示	展示上传本小组完成的民族图案设计作品
作业表达	讲述本小组完成的民族图案设计方法与技巧
任务评价	小组成员在本任务中的表现进行相互评价

HELP! 学习引导

本任务知识重点难点
1．本小组运用PS处理民族图案的方法
2．完成本小组的系列民族图案设计

一、上网查询"MENOGGA 米洛甲"品牌形象［图（1）］设计理念

1．广西壮族文化中有着"_____"的传说。

2．现今依然有着对创世女神"米洛甲"，又称_____崇拜的风俗习惯。

3．广西壮族自古因农耕社会而有着对天地万物，如蛙、鸟、鱼图腾的崇拜，也保留了较多母系社会的审美情感，延伸出以女性审美为角度的美学特点。而花则是联结广

图（1）　"MENOGGA 米洛甲"品牌

西各个族群间孕育文化情感与美好生活的载体，世界各民族中也有"_____"的现象，所以设计师提出"花育万象"的创意概念，以"花"为形象作为联结不同文化的最佳媒介，将壮族具有天然内涵的女性精神、博爱包容以及对生命的美好期许注入品牌，赋予其更深的解读，做到古为今用的"和合之美"。

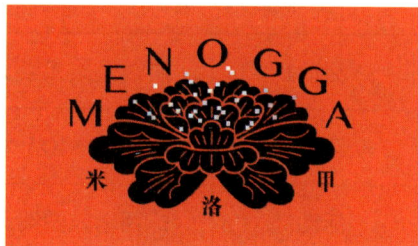

二、图（2）～图（4）所示的广西民族图案在PS图形处理中运用了哪些方法？

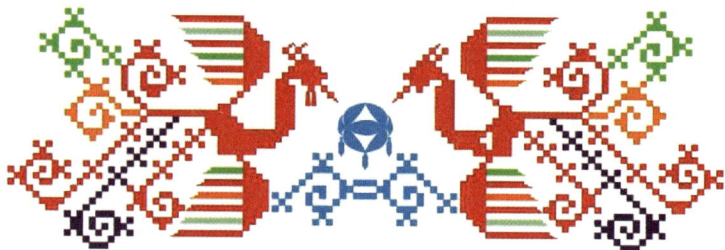

图（2）民族图案（一）

图（2）的图案运用了什么图形变换方法？_____

A. 钢笔工具绘制 B. 斜切 C. 自由变换 D. 图层复制 E. 旋转 F. 翻转

图（3）民族图案（二）

图（3）的图案运用了什么图形变换方法？_____

A. 钢笔工具绘制 B. 蒙版 C. 通道 D. 渐变 E. 羽化 F. 色彩平衡

图（4）民族图案（三）

图（4）的图案运用了什么图形变换方法？_____

A. 等比例缩放 B. 自由变换 C. 中心点定位 D. 对称图案处理

E. 旋转 F. 描边

三、运用PS图形处理民族图案

1. 本小组设计的民族图案_____，把其贴在下面的方框中。

2. 运用PS图形处理本小组设计的民族图案有哪些方法？

（1）_____

（2）_____

（3）_____

3. 本小组运用PS图形处理民族图案的重点、难点及解决方法有哪些？

_____

_____

4. 写出本小组运用PS图形处理图案的任务步骤

运用PS图形处理图案的步骤

序号	步骤	操作方法与说明	操作标准	备注
1				
2				
3				
4				

想一想　练一练　试一试

找一找身边运用图形处理的广西民族元素作品，拍照后打印出来贴在下面的方框内。

作业表达

请将在本次任务中的收获和感想写出来。

标题：《　　　　　　》

_____

_____

_____

_____

_____

任务评价

任务评价表

项目	自我评价			小组评价			教师评价		
	10~9	8~6	5~1	10~9	8~6	5~1	10~9	8~6	5~1
	占总评10%			占总评30%			占总评60%		
学习主动性									
工作态度									
协作精神									
表达能力									
时间观念									
纪律观念									
作品质量									
工作页质量									
小计									
总评									

学习任务4描述表

课程	染织绣服饰品开发实训		
任务名称	任务4　民族服饰品数码印花		
任务学时	12学时	上课地点	茧丝绸数码印花实训室
一、学习目标			
1. 说出两种数码印花方法的流程 2. 能运用数码直喷方法进行服饰图形印制 3. 能运用转移印花方法进行服饰图形印制 4. 准确描述数码印花调色的方法			
二、工作流程与活动			
活动1	认识数码印花		
活动2	数码直喷印制图形		
活动3	转移印花印制图形		
活动4	数码打印服饰品面料		
三、学习引导			
知识认知	以服饰品图案的数码打印为例，提炼知识重点		
想一想 练一练 试一试	尝试将服饰品图案采用数码印花的方法打印出来，然后打印在本小组的_____产品面料中。		
作品展示	展示本小组打印的产品		
作品制作小结	小组成员总结制作的过程，分享打印图案的感想及收获		
任务评价	小组成员在本次任务中的表现进行相互评价		

HELP!　学习引导

> 知识和技能重点
> 1．了解直喷及转移两种数码印花的流程
> 2．运用数码印花设备及打印控制软件完成数码打印
> 3．使用图形处理软件进行数码调色

请观看视频、阅读指导资料，回答下列问题。

1．一套数码印花设备由设备1＿＿＿＿＿和设备2＿＿＿＿＿两部分组成，工作时，设备＿向设备＿发布信号，并控制其进行数码打印。

2．目前数码印花有＿＿＿＿＿和＿＿＿＿＿两种方法，其中＿＿＿法适用于棉、麻、丝等天然纤维织物印花，而＿＿＿＿法适用于涤纶、锦纶及其混纺织物印花。

3．数码直喷印花的流程：图案设计、＿＿＿＿＿＿、＿＿＿＿＿＿；而转移印花的流程：图案设计、＿＿＿＿、＿＿＿＿。

4．计算机通过＿＿＿＿＿软件向数码打印机发布打印命令，发出打印指令前，还应使用这一软件进行打印排版、设置＿＿＿＿、＿＿＿＿、＿＿及单向或双向打印等参数，以确保图形的打印效果。

5．一般情况下，需要对数码打印的图形进行调色，才能使打样图形的色彩与样品的色彩相符，调色方法如下：

（1）设置一定的参数打印图形，如图形清晰，图形效果能很好地还原样品，则应＿＿＿打印参数，在后续的打印中均采用这一参数。

（2）将打印的图形与来样进行＿＿＿＿＿，判断两者的＿＿＿＿＿，采用图形处理软件对图形的色彩进行调整，再打印、对色、调色。通过不断循环这一过程，直至打印样品的色彩与来样一致为止。

6．以小组为单位，确定本小组产品的数码打印流程。

（1）本小组产品的面料是＿＿＿＿＿。

（2）应当采用_____方法进行数码打印，打印流程是：_____

_____

_____

想一想　练一练　试一试

请按照确定的流程打印图形，并进行调色，将调色后的打印样品提交给老师，确认合格后，打印服饰产品面料。将打印的样品贴在下面的方框内。

实操小结

1. 请将小组在实操过程中遇到的问题及解决方法记录下来。

问题及解决方法记录表

序号	问题	解决方法

2. 将实操打印的样品与设计要求比对，分析样品与设计图形的差距并记录在下方，以评定打印样品的质量。

我的表达

请将在本次任务中的收获和感想写出来。

标题：《　　　　　　》

_____

_____

_____

_____

_____

任务评价

任务评价表

项目	自我评价			小组评价			教师评价		
	10~9	8~6	5~1	10~9	8~6	5~1	10~9	8~6	5~1
	占总评10%			占总评30%			占总评60%		
学习主动性									
工作态度									
协作精神									
表达能力									
时间观念									
纪律观念									
作品质量									
工作页质量									
小计									
总评									

学习任务5描述表

课程	染织绣服饰品开发实训		
任务名称	任务5　服饰品制作		
任务学时	12学时	上课地点	服装工艺多媒体教室
一、学习目标			
1. 制定本小组服饰品的成品规格尺寸 2. 熟悉本小组服饰品制作的工艺流程 3. 完成本小组系列服饰品的制作 4. 说出本小组服饰品制作的工艺技术难点 5. 对本小组的服饰品进行质量检验			
二、工作流程与活动			
活动1	制定本小组服饰品的成品规格尺寸		
活动2	编写本小组服饰品制作的工艺流程		
活动3	完成本小组系列服饰品的制作		
活动4	对本小组的服饰品进行质量检验		
三、学习引导			
知识认知	根据任务2完成的试制样品，制定本小组服饰品的成品规格尺寸和制作工艺流程		
想一想 练一练 试一试	完成本小组系列服饰品的制作		
作品展示	展示本小组系列服饰品的图片和小视频		
作业表达	表达自己在本小组完成此次任务中的收获和感想		
任务评价	小组成员在本次任务中的表现进行相互评价		

HELP! 学习引导

知识和技能重点

1.编写本小组服饰品制作的工艺流程

2.完成本小组系列服饰品的制作

一、制定本小组服饰品的成品规格尺寸

1. 本小组制作的服饰品是＿＿＿＿＿＿＿＿。

2. 系列服饰品的规格尺寸有＿＿＿种，分别是＿＿＿、＿＿＿＿、＿＿＿＿。

3. 在下面方框内完成本小组制作的服饰品规格尺寸（单位：cm）。

服饰品规格尺寸

规格	长	宽	高	厚
S				
M				
L				

4. 在下面方框内完成本小组制作的服饰品规格示意图（要求标注长、宽、高、厚等尺寸）。

二、编写本小组服饰品制作的工艺流程

1. _____ → 2. _____ → 3. _____ →

4. _____ → 5. _____ → 6. _____ →

7. _____ → 8. _____ → 9. _____ →

10. _____ → 11. _____ → 12. _____ →

13. _____ → 14. _____ → 15. _____ →

三、简单描述本小组服饰品制作的工艺技术难点及解决的方法和措施

_____

_____

四、对本小组的服饰品进行质量检验

质量检验表

序号	检查要点	质量检查情况反馈
1	成品外观	
2	成品尺寸	
3	缝制质量	
4	印花位置控制	
5	零部件工艺细节	

想一想　练一练　试一试

完成本小组系列服饰品的制作，打印正、背面图片后贴在下面的方框内。

作品小视频

请把本小组系列作品的整个制作过程编辑成小视频发到老师的邮箱中，邮箱号码：＿＿＿＿＿＿＿＿＿＿＿＿＿＿＿。

请把系列作品的名称、小组成员、班级学号等信息编辑到小视频中，发给老师时备注好班级、姓名、系列名称。

我的表达

请将在本次任务中的收获和感想写出来。

标题：《　　　　　　　》

任务评价

任务评价表

项目	自我评价			小组评价			教师评价		
	10～9	8～6	5～1	10～9	8～6	5～1	10～9	8～6	5～1
	占总评10%			占总评30%			占总评60%		
学习主动性									
工作态度									
协作精神									
表达能力									
时间观念									
纪律观念									
作品质量									
工作页质量									
小计									
总评									

学习任务6描述表

课程	染织绣服饰品开发实训		
任务名称	任务6 民族服饰品销售与展示		
任务学时	16学时	上课地点	服装营销中心
一、学习目标			
1. 认识直播销售，认识直播器材 2. 寻找染织品卖点，撰写民族服饰品直播销售视频脚本 3. 围绕销售视频脚本的内容，完成小组销售情景模拟 4. 完成小组直播销售、短视频素材拍摄 5. 运用手机软件进行短视频后期编辑，为小组销售做总结与分享			
二、工作流程与活动			
活动1	收集民族服饰品短视频拍摄创意素材，讨论直播销售视频脚本		
活动2	熟悉民族服饰品特点并进行销售情景模拟，分配小组成员角色		
活动3	运用直播销售工具完成线上直播销售，并拍摄短视频素材		
活动4	完成小组民族服饰品短视频后期编辑		
三、学习引导			
知识认知	认识直播销售，认识直播器材		
想练结合	找到产品卖点，编辑完成民族服饰品直播销售脚本		
情景模拟	熟悉民族服饰品特点并进行销售情景模拟，分配小组成员角色		
作品构思表达	本组短视频的创新点与创意，为小组销售做总结与分享		
任务评价	小组成员在本次任务中的表现进行相互评价		

知识认知

> 1. 了解直播的器材并归纳销售技巧。
> 2. 了解直播形式，不同的直播平台做用户对比并讨论归纳总结；为后续小组制定直播销售视频脚本做准备。

了解直播销售，认识直播器材

1. _____有明确需求，在店铺里挑选比价，最后选择较满意合适的产品_____。

2. _____通过内容引导用户做出购物决策。结合直播、视频、图文加以分享折扣_____，是一种内容电商的形态，是制造一种_____的营销氛围。

3. 直播形式有_____、_____；主播类别有_____、_____。

4. 直播场地面积在_____至_____之间。

5. 直播最低配置_____个手机，_____个手机_____，两盏直播_____，_____名工作人员。

6. 直播销售供应链：_____、电视购物导购、_____、明星广告红人、电商_____。

7. 直播间引流指数_____。

8. 思考抖音平台和快手平台的用户行为对比

用户行为对比

项目	抖音平台	快手平台	备注
刷"推荐、发现"页			
点赞视频			

项目	抖音平台	快手平台	备注
看评论			
点关注			
刷"关注"页			
点赞/写评论			
刷"附近/同城"页			

想练结合

1. 分组讨论，找到并推敲民族服饰品产品卖点。

2. 收集民族服饰品短视频拍摄创意素材，编辑完成民族服饰品直播销售视频脚本。

编辑民族服饰品直播销售脚本

团队名称：

主播1：

主播2：

助理：

活动策划：

卖点：

情景模拟

1. 分组进行情景模拟，将直播过程中出现的问题罗列出来。
2. 熟悉民族服饰品的特点，分配小组成员角色。

团队：_____

序号	产品功能与卖点	直播注意事项	备注
1			
2			
3			
4			
5			
6			
7			
8			
9			
10			

作品构思与表达

1. 本组短视频的创新点与创意。
2. 请将在本次任务中的收获和感想写出来。

标题：《　　　　　》

_____

_____

_____

_____

_____

_____

👍 任务评价

任务评价表

项目	自我评价			小组评价			教师评价		
	10~9	8~6	5~1	10~9	8~6	5~1	10~9	8~6	5~1
	占总评10%			占总评30%			占总评60%		
学习主动性									
工作态度									
协作精神									
表达能力									
时间观念									
纪律观念									
作品质量									
工作页质量									
小计									
总评									

模块三
服装设计与工艺专业群
辐射平台建设研究

服装设计与工艺专业辐射专业群的研究

通过《广西职业教育服装设计与工艺专业及专业群发展研究基地》项目的实施，广西纺织工业学校服装设计与工艺专业群在全校乃至全区起到示范带头作用。由于该专业培养方向定位准确，让专业群中的其他专业有更准确的参考价值，为群内其他专业提供借鉴和指导；通过完善的课程体系建设，构建专业群课程建设与实施，使得专业群内其他专业的发展具有重要意义；通过建设共享型的实习实训基地和教学资源库，与企业实现深度合作，为专业群内其他专业在建设过程中提供借鉴和指导。

一、服装设计与工艺专业在专业群建设中发挥的主要作用

1. 服装设计与工艺专业在专业群的标杆作用

在广西纺织工业学校服装设计与工艺专业群建设中形成的"专业联动，产训融合，多元共育"人才培养模式，"三对接，三融合"的课程体系建设等，内容几乎涵盖了广西纺织工业学校教学改革建设的所有要求。服装设计与工艺专业群的建设为学校的教学改革建设打下了良好的基础。因此，注重专业群建设，专业群在学校教学教改建设中的标杆作用可以让教学改革事半功倍，学校服装设计与工艺专业群建设中所取得的各项人才培养指标，如教学成果获取、师资队伍建设、教师教学能力奖项取得、学生技能竞赛成绩取得、社会服务效益等建设指标，即专业群建设的人才培养指标，也是学校教学教改发展过程中的办学指标，标志着学校人才培养的最高水平，在学校各项建设中发挥着标杆作用。

2. 服装设计与工艺专业群具有引领和示范作用

专业群建设在人才培养模式、课程体系建设、师资队伍建设、社会服务能力提升等方面对学校教学改革具有较强的引领和示范作用。学校可以借鉴、推广、模仿专业群建设的模式和经验，提高学校各专业的教学改革质量。

3. 在校企合作深度融合中专业群的推动促进作用

学校坚持"让每位学子拥有幸福人生"的办学宗旨，不断总结探索校企合作、产学研合作等人才培养模式。在专业群体的推动下，与区内外纺织、染整、

服装等企业建立了紧密的合作关系，校企合作深度融合，建设共享教学资源库和实训基地，以及教材、师资共建共享。使得专业群内各专业的校企合作得到深化及推进。

二、服装设计与工艺专业对群内各专业的辐射引领作用

广西纺织工业学校服装设计与工艺专业是服装品牌专业群建设中的核心专业，经过多年的建设，各方面相对成熟。近年来，形成了完整的人才培养模式、完整可行的教学资源、课程标准和强大的教学团队，积累的专业教学经验起到了非常重要的引领辐射作用。

1. 民族服装与服饰专业

（1）教科研成果显著。近三年，民族服装与服饰专业获得多个民族方向的区级教改立项并结题。2019年，"广西白裤瑶服饰技艺职业教育传承研究"获得广西教育科学"十三五"2019年度规划资助经费A类重点课题；2020年，《广西5个少数民族服装技艺研究与传承》结题；2019年获广西民族技艺行业指导委员会一般立项"中职学校《广西民族服饰文化》'半定制化'课程的建设研究与实践"；融入区域民族文化，著写民族特色教材，完成"十三五"职业教育部委规划教材《民族服饰品制作》的编写，于2019年3月由中国纺织出版社出版，本教材突出广西本地民族服饰技艺特色，选取广西仫佬族马尾绣、白裤瑶数纱挑花、隆林壮族箔衮三种服饰技艺作为典型代表进行编写，并收集整理第一手资料编入教材，挖掘并提炼其中的民族元素，开发具有广西特色的民族服饰产品，将本地区的民族服饰技艺更好地传承下去。

（2）建设一个民族特色实训基地。广西仫佬族马尾绣技艺传承创新基地以建设宣传推广平台、建设传承场所、建设师资队伍、建设展示场所、建设传承课程、建设人才培养制度、制作宣传视频为建设目标，校内建成了以谢秀荣大师工作室为核心，以马尾绣文化展示区、马尾绣社团教室、马尾绣文创产品制作工艺室共同推进的马尾绣技艺传承创新基地，校外建成了广西民族博物馆、广西绢麻纺织科学研究所马尾绣文化展示专柜，从"宣—展—赛—销"等角度探索马尾绣文化宣传推广渠道。

（3）举办非遗文化进校园、进课堂、进社会活动。2019年、2020年承接"中国非遗传承人群研修研习培养计划·广西民族服饰制作技艺传承人群培训

班"的民族服饰制作技艺培训工作；学生做的各类作业、作品多次参加广西"三月三"、东盟博览会展示活动；壮美广西"民"师课堂第二期由汪薇老师主讲、第三期由黄乐老师主讲；开设白裤瑶系列公开课，为了更好地推进民族特色课程建设，让民族服饰技艺走进课堂，在校内开展主题为"白裤瑶技艺进课堂"系列民族服饰传承与创新观摩课活动，这次教学活动真正实现民族服饰技艺进课堂，将民族技艺融入中职服装专业人才教育，创新民族服饰技艺教学环境。

（4）参加各类比赛获奖，成绩斐然。2016级民族服饰方向学生系列作品在首届粤港澳大湾区职业院校服装设计大赛中获得最佳创意奖；2017级民族服饰方向学生系列作品在第二届全国中职学校服装毕业设计联合发布会暨首届粤港澳大湾区职业院校服装设计大赛获得最佳特色奖；首届壮美广西民族服饰设计征集与展演作品参展，获得优秀奖；微课作品《南丹白裤瑶服饰米字花刺绣技法》获2020年广西职业院校教学能力大赛微课赛项一等奖，并在全区经验交流会上分享交流。

2. 服装展示与礼仪专业

基于服装设计与工艺专业教学多年的经验，服装展示与礼仪专业在人才培养课程体系建设等方面得到了提高。服装设计与工艺专业群建设整合共享资源，发挥了品牌专业的引领作用，提高了专业群建设的示范作用及效益，形成了一套有效的辐射路径及方式，拓展了专业群的社会服务方式，提升了学校的综合实力。以专业群建设为契机，服装展示与礼仪专业近年来发展迅速，在各类展示活动及比赛中取得优异成绩，在全区享有良好声誉。

（1）构建了"美技共育，专向专能"人才培养模式。在服装设计与工艺专业的带动辐射下，服装展示与礼仪专业经过三年的发展，立足广西，依托广西服装销售企业，形成了"美技共育，专向专能"人才培养模式，大力推进学校教育教学改革。以工作过程为导向、以岗位职业技术能力为依据、以典型工作任务分析为基础，采取校企合作共建方式，构建以"基于典型工作岗位"为主线课程结构，以"岗位技能+服务意识+美学认知+创新能力"四位一体的课程体系。

（2）社会服务和社会效益相得益彰。学校每年5月举行一次"服饰文化节"活动，展示服装专业学生的毕业设计作品，服装展示专业的学生每年承担"服饰文化节"的服饰走秀工作，在直播和现场中都表现出色，获得好评。每年参加"三月三"、职教活动周等活动的服饰表演。2019年3月、5月参加挑战技能王活动；10月参加广西工艺和信息展服装展示活动；12月参加2019中国南宁体育产业风采展示活动和万古旗袍公司的旗袍秀活动。2020年6月参加武宣县2020年红糟酸特色美食大赛暨荷花文化旅游节服装展示活动；9月参加2020第十届中国国际少儿车模大赛广西区总决赛的服饰展示活动；10月在"中国非遗传承人群研修研习培养计划·广西民族服饰制作技艺传承人群培训班"结业典礼上进行服装展示；11月协助中国桂平（木乐）国际文化旅游休闲运动服装节新闻发布会运动装展示；12月参加广西艺术学院"盛筵"毕业展的服装展示工作。

（3）参加全区各类比赛，硕果累累。2018～2020年广西职业院校技能大赛中职组（模特表演）比赛，获得6个一等奖，7个二等奖，15个三等奖，3个礼仪团体展示二等奖。

3. 纺织技术、染整技术专业

由于自治区的纺织、染整企业较少，加上这几年纺织、染整企业的转型升级及学生家长对这两个专业的理解认识不足，这两个专业的招生并不理想。基于核心专业的引领示范作用，纺织技术、染整技术专业积极进行教学改革。

（1）通过企业调研了解岗位的需求及用人要求的改变，及时调整课程体系。染整专业新开设数码印花、数码印花设计等课程，教学内容紧跟企业技术，提高专业的含金量，符合区域内的人才需求。纺织技术则将民族图案、织锦纹样设计等融入教学课程中，突出民族特色，传承民族文化及技艺。

（2）对接本地区域纺织→染整→服装产业的发展以及产业链延伸，纺织和染整两个专业开展作业产品化的教学改革，让学生在做作业的过程中就可以学习到企业的技术，并带入创新创业的思维模式，让学生今后有更多的选择和发展。

（3）加强校企合作，拓宽社会服务能力。坚持以需求为导向，服务经济社会发展，面向企业在岗员工，积极开展各种职业技能提升培训活动。纺织和染整专业多名教师赴广西宜州嘉联丝绸公司，对企业3000多名员工进行缫丝等"双千结对"岗位培训，提升职业技能。培训内容主要包括：专业知识、操作技能、安全生产规范和职业素养，提高了企业员工各方面基础能力和岗位技能，让员工能更好地适应现在的岗位，提高产能，从而提升企业效益。

（4）探索国际化人才培养模式。为配合"衣路工坊"国际合作项目，主动服务中缅服装纺织产业转移的区域用工需求，染整专业教师为缅甸青年开展技术培训，定制适合缅甸染整专业的人才培养标准和方案。

（5）积极参加全区及全国各类比赛，成绩喜人。刘梅老师主持的课题"'产教对接、一体双模'人才培养模式的研究与实践"获得广西职业教育自治区教学成果二等奖；梁雄娟、姚洁、覃芳芳参加广西职业院校教师教学能力比赛

（微课）获得二等奖；染整专业学生参加全国职业院校学生染色小样工技能大赛获得一等奖和二等奖；纺织专业学生参加全国纺织服装类职业院校学生纺织面料设计技能大赛获得三等奖。

三、整合专业群共享资源，发挥核心专业的聚集和拓展效应

1. 建立"绣织坊"双创实训中心

"绣织坊"双创实训中心主要基于"绣织坊"品牌，以产品设计生产为主线，集合对接产业链的各类实训进行设计。以学校原有的织锦工作室、服装设计工作室、数码印花工作室为基础，加入服装营销实训室和"绣织坊"微店构成。该实训中心集纺织图案设计织造、数码图案设计印制、服装造型设计与制作、民族服饰品设计与制作于一体，通过整合各个工作室的资源优势，通过服装工作室的带动，让织锦工作室、数码印花工作室的产品能够形成系列，从而带动专业的改革与发展。

2. 建立专业群师资人才资源库

引进企业专业技术骨干、各类技术精湛的高级技工，确保人才资源库中的人员每学期都有部分到校授课任教，或者开展不少于一期的各类知识技术讲座，保证校内专职教师更好地了解企业实际情况，在校内开展校企融合实训教学项目时能够更好地对接岗位需求。此外，每年安排专业技术骨干教师到企业学习。教师们积极到广西当地企业学习实践或挂职锻炼，如玉林木乐等区内各类工业园区的企业。安排专业带头人和骨干教师参加行业及国内先进职业教育地区的各类培训学习，拓宽专业带头人、骨干教师的眼界，提高职业素养。

3. 校外实训基地初具规模

基于"专业联动、产训融合、多元共育"的人才培养模式，专业群内的各专业在校内外的实训基地建设方面都取得了一定成效。校内外实训基地的建设，使得各专业的专业课程基本实现了"一体化"教学，可以在校内实训中心完成各专业的实训类课程，生产实习等要求学生掌握较强专业技能的实习课程则在校外实习基地以跟岗、顶岗工作的方式完成。最终达到理实一体化、"教、学、做、创、展"五位一体式教学效果，而且专业群的课程体系让各专业不再各自为政，而是互相促进提高。

4. 打造 "校企合作协同育人平台"

通过校内实践和校外实践打造 "校企合作协同育人平台"，为培养专业群人才提供平台，多方位培养专业群人才的知识、技能和素质，全面提升学生职业胜任能力。和多家公司进行深度校企合作，签订合作协议，建成多个校外实训基地，先后与广西多家纺织、染整、服装企业及纺织工业园区建立了紧密的合作关系。

四、专业群教学改革成效显著

1. 在产学研合作上形式、方法效果良好

专业群建设 "一心一店四室" 产—供—销实训基地，形成了集教学、职业技能培训、技术服务为一体的、具有完整考核体系的现代化产业链实训基地。实训基地不仅可以承担实践教学，还可以为学生提供职业素质培养、职业技能培训、职业技能鉴定，以及教学改革、就业指导、社会服务等多功能实践。在校企合作的基础上，通过对企业专业岗位的调研，与纺织印染服装企业零距离对接，通过整合现有培训基地，补充必要的培训设备，同时，引入企业管理机制，模拟企业实际工作情况，改造生产条件，改造培训基地，提高实训基地的培训接待能力。

2. 利用专业群共享资源平台启发学生创新、创意、创业思维

与深圳远湖科技有限公司校企合作，在学校服装设计与工艺专业、染整技术专业、纺织技术专业、学前教育专业、文秘专业、动漫专业、数媒专业中开展服饰文化创客体验活动。以服装专业课程为载体，在服饰创客的平台下，融合多学科知识，培养学生的服装设计、生产、销售等能力，教师把课堂变成一个生机勃勃的创意空间，鼓励学生创造发明，并引导学生借助产品自主创业。

民族服装专业与染整、纺织专业的学生通过传统服饰文化与现代服装的结合学习，使用结构和工艺难度偏高的非织造布套件制作，并使用服饰3D打印完成服饰纹样设计；学前教育专业学生学习了解传统服饰文化，通过传统文化学习与德育教育的结合，提高专业素养；动漫专业与数媒专业的学生从美术设计方面学习传统服饰文化，通过AR技术实现设计表达，在进行颜色和图案设计的同时，结合亮片、花边、丝带等服饰辅料进行创意设计，锻炼学生创意思维和表达能力。

3. 校企合作走向深入

为适应广西地区经济的产业结构，按照企业要求培养适合企业工作岗位需求的人才。与广西玉林木乐服装产业园紧密对接，开展各种形式的活动，如服装展示专业为木乐时装节新闻发布会提供模特展示服务。并时刻把握企业动态，根据企业对人才需求的变化在教学上做出相应的变化，定期举办交流研讨会，让学生了解企业，明确未来方向，了解企业。学校掌握企业要求，建立深度合作。

4. 群内辐射成效显著

在教学上，服装设计与工艺专业通过"以赛促教、以赛促学、以赛代练"带动群内各专业，成效明显。近年来，在全国职业院校技能大赛和广西职业院校教师教学能力大赛中，专业群内的各专业老师和学生通过努力，成果颇丰，师生先后获得5项全国奖项、34项省部级奖项；在各类活动周、博览会上展示学生的优秀作品，并进行销售，获得一定的销售利润。

五、结语

在服装设计与工艺专业的标杆及示范作用下，专业群内的纺织技术、染整技术、服装展示与礼仪、民族服装与服饰等专业都在加大建设和发展的力度，在人才培养模式改革、课程体系建设、师资队伍建设和校内外实训基地建设等多方面都发挥着资源共享，优势互补的作用，全面提升了专业群内各专业的办学实力。因此，学校要充分利用专业群建设的契机，加强核心专业对专业群内其他专业的辐射研究，带动其他专业的建设与发展，为纺织服装产业链提供高技能人才。

服装设计与工艺专业群对校内相关专业辐射作用的研究

广西纺织工业学校服装设计与工艺专业、纺织技术专业、染整技术专业三个专业是学校的老牌传统专业，都是国家示范改革中等职业学校重点建设专业，同时都是自治区级示范特色专业，还是广西中职学校示范专业。多年来，以纺织+染整+服装组合而成的专业群教学改革效果比较明显，群内各专业在办学基础、教学条件、教学质量、比赛获奖、规模效益、社会声誉等方面在学校处于遥遥领先的地位，实现了资源共享、相互融合，在各自系统实施人才培养，提升专业群内整体专业水平。

服装专业群一直是学校各专业建设的风向标，在专业群的提升带动下，校内其他相近专业建设加快了前进的步伐，取得了可喜的成效。

一、服装设计与工艺专业群在校内专业建设发挥着示范引领作用

1. 专业群在教学改革中的引领作用

学校服装设计与工艺专业群建设中形成的"专业联动，产训融合，多元共育"等人才培养模式，"三对接，三融合"的课程体系建设等，其内容几乎涵盖了学校教学改革建设的所有要求。服装设计与工艺专业群的建设为学校的教学改革建设打下了良好的基础。因此，注重专业群建设，专业群在学校教学教改建设中的标杆作用可以让教学改革事半功倍，服装设计与工艺专业群建设中所取得的各项人才培养指标，如教学成果获取、师资队伍建设、教师教学能力奖项取得、学生技能竞赛成绩取得、社会服务效益等建设指标，即专业群建设的人才培养指标，也是学校教学教改发展过程中的办学指标，标志着学校人才培养的最高水平，在学校各项建设中发挥着标杆作用。

2. 专业群在师资队伍建设中的带头作用

服装设计与工艺专业群通过多渠道、分方向对教师进行培养，建立了一支专能通向、多层递进的双师素质教师队伍，对接产业链的专业链师资。建设期间，专任专业教师有32人，其中高级职称7人，专业带头人2人，广西教学名师1人，

广西中职教学名师2人，校级教学名师2人，高级技师5人，技师9人，高级双师型教师2人，引进广西技能大师1人。自2018年至今，专业带头人主持自治区级教改重点立项2个，获得自治区教学成果二等奖1项，名师工作坊1个，指导学生参加全国职业院校技能大赛获三等奖2项，参加全区职业院校技能大赛获一等奖、二等奖、三等奖共计31人次；教师获实用新型外观专利24项。

3. 专业群在校内外实训基地建设中的示范作用

服装设计与工艺专业群在校内的实训基地是以"绣织坊"双创实训中心为核心建设的，基于"绣织坊"品牌，以产品设计生产为主线，集合对接产业链的各类实训进行设计。专业群的校内实训基地以学校原有的织锦工作室、服装设计工作室、数码印花工作室为基础，加入服装营销实训室、"绣织坊"微店构成。

"绣织坊"双创实训中心集纺织图案设计织造、数码图案设计印制、服装造型设计与制作、民族服饰品设计与制作于一体。通过整合各个工作室的资源优势，在服装工作室的带动下，让织锦工作室、数码印花工作室的产品能够形成系列，从而带动专业的改革与发展。为校内其他专业实训基地建设提供了参照样板，为其他专业的实训基地建设提供了很好的参照。

此外，专业群通过校内实践和校外实践打造"校企合作协同育人平台"，为培养专业群人才提供平台，多方位培养专业群人才的知识、技能和素质，全面提升学生职业胜任能力。与多家公司进行深度校企合作，签订合作协议，建成多个校外实训基地，先后与广西多家纺织、染整、服装企业及纺织工业园区建立了紧密的合作关系。在专业群的带动下，校内其他专业在校外实训基地的建设上也根据自身的情况，与专业对口的企业进行深度校企合作，在校企合作上取得了较好的成效。

二、服装设计与工艺专业群对校内各专业及专业群的辐射作用

1. 辐射计算机品牌专业群

计算机专业品牌专业群借鉴服装设计与工艺专业群建设思路，以"促进对外交流，发展网络数字文化产业"为方向，围绕计算机专业群人才培养模式，对接信息化产业等领域的发展需求，培养具有广西文化特色的产品宣传、广告设计、视频动画、网络销售、VR仿真体验等数字化文化产品。以计算机应用专业为核心，2020年打造了以数字媒体、计算机平面设计、电子商务、建筑装饰专业群对接产业链，并获得区级品牌专业建设项目。计算机专业开展"产业链+专业链"

的专业群建设，专业群已培养学生1300多人。

（1）在服装设计与工艺专业群校内辐射影响下，根据产业和行业的需求，建立专业群的校外实训基地和校内综合设计工作室，将企业引入真实项目和产品进行设计与生产实训，以服务当地企业、提高学生职业能力和综合职业素质为目标，采用"专业联动、产教融合、赛教互融"人才培养模式（图3-1），实行将赛教内容有机融入专业的人才培养方案，以促进专业知识学习、技能训练、企业实践、在岗培训和职业鉴定等功能的整合，让学生在"学中做，做中学"，实现高技能人才的培养目标。

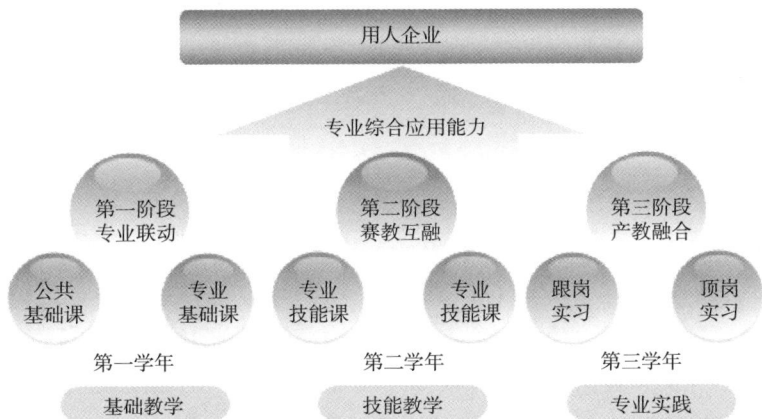

图3-1　"专业联动、产教融合、赛教互融"人才培养模式示意图

（2）加大课程体系改革力度，打破按照学科体系、知识体系设置课程的惯例，以学生的职业能力和专业知识的应用为主要目标来设置课程和安排课程内容。按照职业教育的要求和本专业高技能人才的培养规律，改革原有课程体系和教学内容。

（3）运用数字化、网络化管理手段，整合各方面的教学资源与制度，建立教学资源共享、共建及共管的"信息化+智慧化"教学管理模式，促进专业群教学资源的有效整合与及时共享，从而提高教学管理系统的智慧水平，建立对外提供教学资源的便捷性机制，方便与其他有利的教学资源相互整合，发挥示范引领和辐射作用。

（4）注重培养一批教学能手，提高教师队伍的双师比例和技能层次，通过完善提升原有创业工作室的平台建设，聘请行业企业有丰富实践经验的行业专家、能工巧匠以及企业工程技术人员，担任兼职教师，承接企业项目，引导项目入校，师生团队共同参与项目任务，提供技术服务，通过产学研合作研究和师资的校外专项培训，打造一支师德高尚、理念先进、业务精湛、专兼结合的高水平双师型教师队伍。其中高级职称2人、双师素质9人、研究生学历2人、企业教师2人。

（5）建立良好的校内实验实训条件和稳定的校外实训基地。

校内实训实习环境和条件良好，信息系校内实训基地9个，包括计算机基础实训室、平面设计实训室、影视后期处理实训室、动漫设计实训室、多媒体技术实训室等专业实训室。校外与广西南宁聚象数字科技有限公司、广西海外仓进出口贸易公司、广西幻刺文化传播有限公司等多家企业进行深度校企合作，签订合作协议，建成3个校外实训基地，制定健全的校外实训基地管理制度并严格执行，与企业共同进行专业联动，师资互派，共同研究专业建设、人才培养方案，共同开发课程、教材、组建教学团队，共同建设实训实习平台，制定人才培养技师标准。

2. 专业群建设成效显著

在校生1300多人，双师比例达70%，于2018建成"计算机应用示范特色专业及实训基地"，增设了一间特色鲜明的现代化虚拟仿真VR综合实训室。教师主持省部级课题9项，已结题5项，教师指导学生技能比赛获得省部级一等奖6项，国家级二等奖、三等奖2项；教师发明专利13项；论文发表29篇。计算机平面设计专业相关技能比赛学校从2018年开始承办，2018年学校教师指导学生参加广西职业院校技能比赛（中职组）计算机平面设计项目，获二等奖2项；2019年参加该赛项获一等奖1项、二等奖1项；2020年获该赛项一等奖1项、二等奖1项；参加广西职业技能大赛"建筑CAD"，2019年获二等奖，2020年获二等奖2项。

3. 辐射会计专业

（1）校内外实训建设。根据专业实训计划及技能方向，目前会计专业有4个实训室，分别为会计手工实训室、会计电算化综合实训室、收银实训室和会计信息化技能实训室。配备总工位数近200个，校企共建实训平台2个，分别为畅捷教育云平台、财会职业能力养成平台，建设形成了一个仿真模拟实训环境，用于本专业学生进行专业技能实训，也可以进行基础会计实训及练习会计电算化技能等。同时，与南宁市人人乐商业有限公司、深圳市惠购商业股份有限公司、广西毕马威会计师事务所、厦门科云信息科技有限公司建立了校外实训基地，根据会计专业特点和发展方向，通过加强与企业合作，开展本专业群学生的顶岗实习，在校外实训中着力培养学生的职业素质、道德和能力，以弥补校内实训基地无法达到的培养效果，使得学生毕业之后能迅速与企业零距离无界限化地接轨。

（2）教育教学成果日益增多。2018年以来，会计专业学生参加全区、全市会计专业技能竞赛，获得一等奖1项、二等奖6项、三等奖7项；获得自治区级教改立项4项，2020年已结题1项；教师根据课程标准进行的教学资源建设情况会计专业课电子教案10份，配套课件10个；相关微课视频20个；与会计相关的考证和技能比赛电子试题10套。

4. 辐射学前教育专业

学前教育专业是学校的热门专业，但由于开办时间较短，在师资数量和质量、实训基地建设方面是短板。在服装设计与工艺专业群的带动下，学前专业积极开展教师团队建设，目前教师团队有13人，均为本科学历，其中助理讲师6人、双师证2人、具有高级职业技能证4人、企业兼职教师3人。

（1）构建了"理论知识+专业技能+特色专长"的课程体系（图3-2）。学前教育专业文化公共基础课包括语文、数学、英语、计算机基础、体育及德育

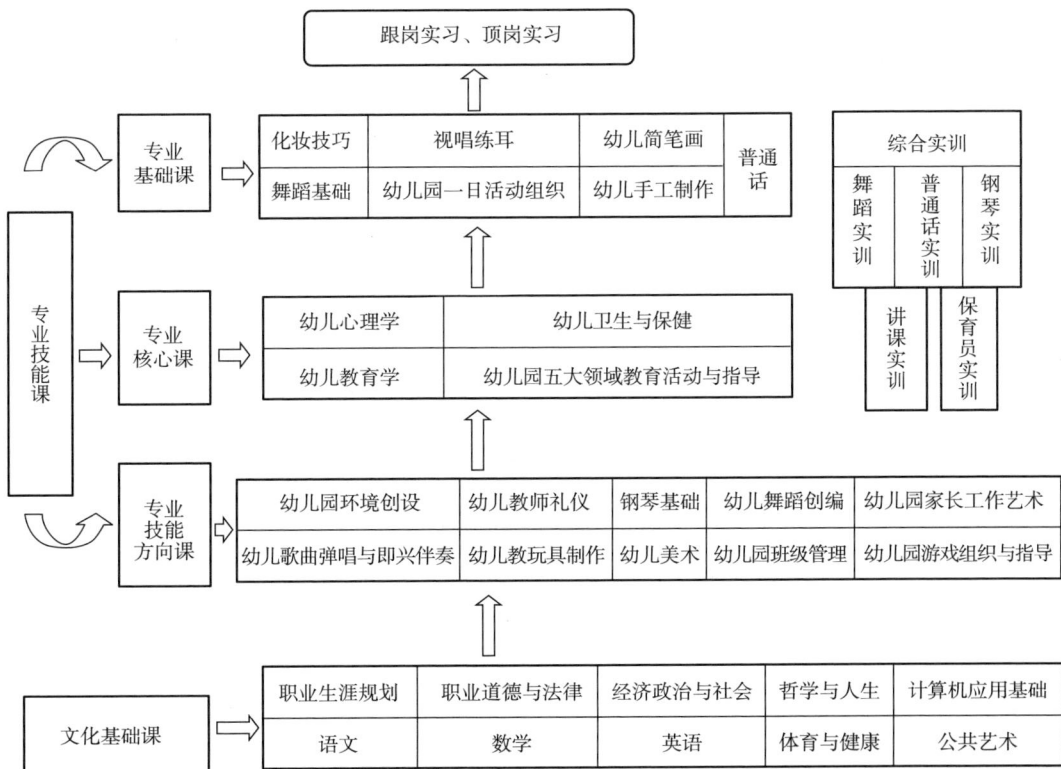

图3-2　"理论知识+专业技能+特色专长"课程体系

等。专业课包括专业核心课、专业基础课和专业技能方向课，实习实训是专业技能课教学的重要内容。目前该专业已建设完成10门专业核心课的课程标准，拥有的教学资源包括专业课电子教案15份、专业课课件20个、《幼儿心理学》和《幼儿园教育活动设计与指导》2个教学资源库的各项资源。

（2）建设了可持续合作的校外实训基地。按照"互惠双赢"的原则，学前教育专业与广州诚唐教育有限公司和南宁市思沃教育有限公司等市内及外省多家教育企业签订协议，形成本专业校外实习基地，以着力培养学生的职业技能、社会适应力、可持续发展能力，进一步提高学生的岗位工作能力和职业迁移能力，弥补校内实训基地无法达到的培养效果。

（3）教育教学取得累累硕果。学前教育专业在服装设计与工艺专业群的辐射带动下，积极组织师生参加全区的各类技能比赛，师生在各类比赛中获得良好成绩，提升了教师的技能水平和参赛能力，也提高了学生的技能水平及学校的办学质量。2018年，获得广西壮族自治区中国舞技能比赛三等奖，广西中职学校教师职业技能大赛学前教育专业艺术技能二等奖，指导学生参加南宁市中等职业学校职业技能大赛荣获三等奖；2019年，参加广西壮族自治区职业院校校园文化艺术节"不忘初心，砥砺前行"舞蹈比赛荣获二等奖；2019年5月，获得广西壮族自治区师范生教学技能大赛三等奖；2019年9月，获得广西壮族自治区师范生信息化教学应用大赛一等奖；2020年，获得广西职业院校技能大赛中职组学前教育专业技能大赛一等奖。

三、服装设计与工艺专业群校内辐射成效显著

近三年来，在服装设计与工艺专业群的示范引领下，校内的各专业都呈现出积极发展的态势。学校为了保障师资队伍的建设，出台了以老带新的教师提升计划，确保教师队伍的良性发展。此外，学校各专业积极做好人才培养方案，对课程体系进行调整，积极进行教学改革，做好教学整改工作。在专业群的示范辐射下，校内各专业都得到了很好的发展，专业建设更加规范标准，学校的教学质量明显提升。学校坚持不懈地培育优良校风和学风，以人为本，立德树人，关心学生，服务学生，全面提高人才培养水平。通过采取各种行之有效的措施和战略，促进服装设计与工艺专业群向着更高质量、更高水平、更高效率的发展道路迈进，与校内各专业相互促进提高。

服装设计与工艺专业群对全区职业院校相关专业辐射路径的研究

　　广西纺织工业学校按照广西创新发展"九张名片"的新思路，对接广西茧丝绸产业链延伸的发展需求，以服装设计与工艺专业为核心，对纺织、染整、服装三个大类专业进行整合，构建了为服装产业链服务的服装设计与工艺专业群。以服装设计与工艺核心专业为引领，以服装专业群建设为载体，带动群内专业之间良性互动，协同发展，形成了一套可复制和借鉴的服装专业群建设成果，在指导群内其他专业建设与完善的基础上，一步步铺开，逐渐扩大服装专业群的示范引领作用，通过资源共享，将研究成果由点到面推动全区职业院校服装专业的建设发展，与兄弟院校分享建设成果，共同建设高水平的服装专业教育教学发展研究平台，打造区内一批具有较高专业素养的服装专业群研究队伍，推动广西纺织服装行业的发展，进一步提升自治区职业教育专业的发展与研究水平，带动自治区职业教育专业建设水平整体提升。

一、专业群的建设成果及对教改建设的促进作用

　　广西职业教育服装设计与工艺专业及专业群发展研究基地项目团队经过为期三年的建设，对接广西轻工产业和广西茧丝绸产业人才发展需要，面向东盟，构建了对接纺织服装产业链的"产训融合、专业联动、多元共育"的专业群人才培养模式，建成"三对接+三融合"专业群课程体系，打造了一支优势互补、结构合理的纺织服装专业群教师队伍，建成共享型教学资源，构建了校企合作的长效运行机制。

二、专业群服务区域发展与专业示范辐射带动作用

1. 人才培养模式和课程体系改革的示范辐射作用

　　校企行多方合作，创新和实践"产训融合、专业联动、多元共育"人才培养模式，共同开发工学结合的"模块化"人才培养方案，多途径、多方式协同育

人；对接广西区域纺织→染整→服装产业的发展以及产业链延伸，校企合作重构"三对接+三融合"专业群课程体系；依托校内专业群工作室，开展"染、织、绣"服饰作品产训融合项目教学，使群内各专业实训内容以作品为纽带形成专业联动；校企合作对接纺织、染整、服装产业链开展产品开发、展示、销售、推广。在人才培养模式和课程体系重构开发方面，对广西区域内中高职服装专业群建设起到了良好的示范引领作用。

2. **专业群教学资源的示范借鉴作用**

服装专业群在建设过程中与企业深度融合，共建开放教学资源，不仅群内专业和企业可以共享，同时对区域内服装专业群的建设同样具有借鉴与指导作用。比如"民族图案设计""纺织服装材料""民族服饰品产品开发实训"这三门共享课程的课程标准、工作页、实训教材、评价标准、微课等课程资源建设经验可指导其他院校的专业群建设。融实训教学、培训、技能鉴定、技术研发和生产服务功能于一体的服装专业群实训基地可对外交流开放。依托服装专业群实训基地，以染织绣实训项目为载体，打通"丝绸—数码印花—民族服装服饰品开发—销售陈列"一条龙实训链的构建模式，为区域服装专业群建设提供模式参考，共同推进广西中高职服装专业群实训课程体系和实训教学模式的改革，共同促进开展中职学生创新创业能力培养途径的探索与实践，发挥专业群的聚集效应和扩散效应。

3. **师资团队建设的示范引领作用**

通过外引、内培、聘请兼职教师相结合的方式打造一支以教学名师和技能大师为引领、专业群带头人和骨干教师为主体、行业企业能工巧匠为支撑，专兼结合的服装专业群双师型教师队伍，在"穿针引线"名师工作坊的示范带领下，专业群师资团队教育理念先进，学术水平高，教学科研能力强，实践教育经验丰富，创新能力强。通过专业群教师在区内的开放交流互动活动，将专业群联动实训教学新模式、人才培养模式推广到同类专业教学活动中，通过校内外、区域纺织服装专业教师相互之间信息资源的交流和共享，带动广西纺织服装专业群教师综合素质和教学水平的整体提高，带动区域内服装专业群的全面发展，实现资源共享，发挥整体效应。

4. **产教融合，国际化办学模式的示范推广作用**

纺织服装专业群整合校企行资源，依托校企行跨界合作，建设集技术支持、实习实训、创新创业和产业服务于一体的多维共享平台。以产教融合为主线，与区域纺织服装产业链对接，开展校企资源共建共享与交流合作，形成企业职工培训、对口支援交流等产教融合的技术主导型服务体系，服务"一带一路"建设，深化国际合作，提升办学水平，校企合作开展专业群联动实训，打造"绣织坊"品牌，促进教育链、人才链与产业链、创新链有机衔接。这些成功经验，对区域内服装专业群的发展起到了示范引领作用，推动广西本地服装企业和中高职服装专业实现良性循环，实现自我完善和自我发展。

为了更好地发挥服装设计与工艺专业及专业群的辐射示范作用，学校面向全自治区的职业院校，从开放共享、开发信息化共享教育资源、做好参观交流接待、积极搭建交流平台、及时总结发表研究成果等方面探索了辐射示范推广的途径，取得了显著的辐射示范效果。

三、示范辐射推广路径

服装专业群对探索实践的人才培养模式、课程体系建设、专业教学资源等进行总结、提炼形成范例，向区域、行业和广西中高职院校示范辐射推广，实现教师资源的优势互补和教育资源的共享，引领广西中高职服装专业群建设和发展，带动其他专业群教学改革与提高。采用以下方式进行推广。

1. 搭建交流平台，推广先进经验

近年来，学校通过搭建交流平台，承担各种经验交流会议或培训班，举办工作过程竞赛等活动，并积极参加校外各种经验交流活动，介绍专业群建设理念、思路和成功经验。每年在校内举办服饰文化节，展示纺织、染整、服装作品等成果、开设"面料图案编织""扎染""创意手绘""传统盘扣和刺子绣杯垫的制作"等职业体验项目、开放专业群实训基地等，吸引了苍梧职业中专学校、灵山职业技术学校、河池职业教育中心、广西理工职业技术学校、广西工业技师学院、广西经贸职业技术学院、南宁职业技术学院等自治区内十几所中高职院校服装专业教师到校来访观摩交流。通过实地参观考察，相互交流、相互学习与相互借鉴先进的经验，达到取长补短、共同提高的目的。

2. 通过师生社会服务、社团活动，展示专业群建设成果

学校每年参加广西"三月三"创意集市展，注册品牌"绣织坊"产品等制作体验吸引大批市民参与，近三年积极参加自治区内各类成果展示活动共计20多场、参与活动师生达200多人次。在广西工业和信息产品展示会、广西东盟职教

联展、全国科技活动周南宁市职业院校学生职业技能大赛展示活动、武宣县2020年荷花文化旅游节、南宁百益上河城服装走秀展示、"壮美霓裳之夜"首届壮美广西民族服饰设计征集与展演、桂平（木乐）国际文化旅游休闲运动服装节、广西艺术学院"盛筵"毕业展等活动中，学校纺织、染整、服装设计作品创意和学生技能受到参会领导、专家和各界人士的肯定和赞赏。与企业合作开发了一系列数码印花丝绸产品，在2019中国—东盟职业教育联展上，数码印花丝巾受到泰国教育部官员的高度评价，扩大了学校的影响力，为广西壮族自治区内的纺织服装专业起到了很好的示范作用。

3. **开展立项研究，总结发表研究成果，扩大宣传力度**

及时总结改革与建设成果，积极发表论文、出版教材与专著，通过各种媒体宣传，是发挥辐射示范作用的有效途径。服装专业群自建设以来，申报省部级教改系列立项5项，先后主编参编出版"十三五"职业教育部委级规划教材3部、发表教学研究论文6篇，获各类竞赛奖励12项，获广西职业教育教学成果奖二等奖2项。先后有广西工人报、广西电视台、南国早报、八桂职教网等20余家新闻媒体对专业群建设成果进行宣传报道。

4. **服务地方经济，建立产学研一体化研究模式**

专业群利用自身的优势，开展各类社会培训，开展行业咨询、企业培训、社会服务，积极为地方经济建设服务，这些服务将为学校带来良好的社会声誉，促进纺织服装行业的整体提升。近几年先后为广西残疾人劳动就业指导中心全国残疾人职业技能大赛服装项目、"中国非遗传承人群研修研习培养计划暨广西民族服饰制作技艺传承人群培训班"进行培训，为广西女子监狱服刑人员进行服装技能讲授指导，开设了两期网络空中课程——壮美广西"民"师课堂，在中国—东盟文化艺术网、星光视界直播平台进行现场网络播放。面向东盟，服务"一带一路"建设，与广西经贸职业技术学院共同开展国际交流数码印染技术定制培训，为"衣路工坊项目"的缅甸青年技术人员进行棉织物印染加工流程、质量检测、数码印花等技能培训，通过海外培训交流，推进"衣路工坊"国际交流合作项目的深入开展，为中缅纺织、染整等专业技术人才的合作培养搭建良好平台。举办河池地区宜州市茧丝绸企业生产技能提升培训班，为广西恒业丝绸公司、宜州茂源丝绸公司、宜州市城西常乐茧丝绸有限公司等企业开展缫丝工技能培训，共同开展科研攻关，解决企业技术难题，共同推动广西茧丝绸企业的发展。

5. 搭建教师成长平台，助推专业群优质教学资源共享

服装设计与工艺专业群经过几年建设，形成以教学名师为核心的高层次专业骨干教师团队和技能专家型教师群体，依托广西教学名师汪薇老师引领的穿针引线名师工作坊、广西仫佬族刺绣传承人谢秀荣大师工作室的引领、辐射、带动，助力区域内纺织服装教师的专业成长。工作室集学习、研究、培训和示范等功能于一体，通过名师引领，以对接区域产业链，服务本地经济为指导思想，通过组织全区性示范课、公开课、听课评课等活动，共同开展共享教学资源研究；定期开展观摩课堂教学、说课交流、案例研讨、指导备课设计、教材分析、教学反思等多种研修活动，促进教师团队的专业发展，实现教师资源的优势互补和教育资源的共享，旨在打造高层次的服装专业群教师团队，搭建促进中青年教师专业成长及自我提升的平台，带动全区服装专业群教师队伍整体素质和育人水平的提升。2020年12月，服装专业群带头人汪薇老师在教育厅组织召开的"广西职业院校教学能力比赛优秀作品展示与经验交流会"上，对专业群共享课程的微课作品《翩翩指尖传技艺——南丹白裤瑶服饰米字花刺绣技法》进行交流汇报，得到与会专家、教师的肯定与赞赏。

四、结语

广西纺织工业学校以服装设计与工艺专业品牌建设专业为核心，带动纺织技术及营销、染整技术、民族服装与服饰、服装展示与礼仪等相关专业的建设和发展，构建了"产训融合、专业联动、多元共育"的专业群人才培养模式，促进专业群与产业协同发展。下一步学校将继续总结专业群在资源共建共享、校企合作、产教融合、实训基地和师资队伍建设、课程开发等方面的经验和成果，形成一套专业群全区辐射有效路径，发挥专业群的聚集与扩散效应，辐射带动区域内服装专业群的建设和发展，形成自治区内服装专业群共同发展格局，共同推动广西纺织服装行业的持续进步和发展。

服装设计与工艺专业群建设成果与特色研究

一、成果简介

"广西职业教育服装设计与工艺专业及专业群发展研究基地"自2018年立项以来，项目以服装设计与工艺专业为核心，以纺织、染整、服装专业群对接广西茧丝绸产业链，通过到企业、院校走访调研，邀请专家论证把脉，与企业合作共同研发，在教学中实践探索研究等途径，开展了对专业群结构与产业链对接、专业群结构与岗位群对接、专业群共享模式等系列研究，主要成果如下。

1. 以人才培养质量为核心，开展专业群与产业群对接的深入研究

本项目前期经过对纺织服装产业链进行深入分析研究，对产业链的生产结构、劳动就业结构、岗位技能结构进行了调研论证，发现纺织服装产业链人才需求已由单一技能转为复合技能，如纺织面料设计的人才不仅要懂得纺织的织造、设计原理，还需具备美学基础；服装设计人才在设计时不仅要考虑服装的美感，而且要了解织造、后整理工艺是否能达到设计预期效果。原来一个个专业"单打独斗"已无法满足现在区域产业发展的需要。为了使培养的人才能满足广西纺织服装产业对复合技能型人才的需求，学校以服装设计与工艺专业为核心专业，辐射产业链上游的纺织、染整专业，下游的服装展示与礼仪专业，横向连接民族服装服饰特色专业，形成了完整的专业群与产业链的对接。

2. 以产品为中心，构建中职服装专业群联动实训链

广西纺织工业学校服装专业群打破原来各专业系部独立实训的状态，按照区域纺织服装企业产业链的生产实践，将纺织、染整、服装各专业的实训项目进行整合，围绕产品研发制作为中心，从"产品设计—织物织造—织物染色—产品打样试制—产品生产—产品销售展示"开发各流程的实训项目，形成流水线式的实训链，原来单一的实训项目变成了生产流水线上的一个个环节，每个项目紧密相连、环环相扣。专业群联动实训链弥补了原来单一专业存在专业短板的缺陷，达到了相互补充、相互促进的目的。专业群联动实训链生产的产品获得外观专利12项，在2019年中国—东盟职教联展上获得教育厅领导、国际友人的一致赞誉，多次参加广西工业和信息产品展示会、广西"三月三"南宁园博园创意集市，并获

得来宾的充分肯定和好评。

3. 以产教融合为主线，进行专业群资源共享的实践

在我校未建立服装专业群之前，纺织、染整、服装专业分属不同系部管理，各专业在课程开发、实训管理、师资建设等方面相对独立。随着服装专业群的建设，首先对散落在各专业的教学资源进行重新整合，开发建设共享课程校本教材《一体化教学工作页》、课程标准、课程实施方案、课程资源、课件软件、课程标准、课程考核评价体系、教学设计等课程教学资源，以使课程与专业群培养目标相对接。同时在对接产业链流程的过程中将原来相对独立的师资根据老师各自的特长进行重新分组，专业群教学团队共同开展课程建设、共同开发实训项目、共同建设课程资源等，专业群中的各成员根据项目内容需要，在教学和实训中既有分工又有合作。为突出专业群"产教融合"的教学特点，按照"突出重点、效益最大"原则，将各专业的实训基地进行整合，建设成为"实训教学、岗位技能培训、职业技能鉴定、大赛示范引领、技术开发服务"的校企共建开放共享服务平台。

4. 以校、企、行合作为抓手，搭建中职服装专业群民族化、国际化的桥梁

学校服装专业群通过校企合作、大师进课堂等方式，将马尾绣、瑶王图案等少数民族技艺及元素融入产品设计中，并将民族技艺文化进行传承和传播，专业群领军人才汪薇老师多次为"中国非遗传承人群研修研习培养计划暨广西民族服饰制作技艺传承人群培训班"开展培训。同时，服装专业群充分发挥师资力量雄厚、实训设备先进齐全的优势，携手广西经贸职业技术学院，于2019年9月成功举办了一期为期2天的"衣路工坊"缅甸青年技术人员培训班——染整技能培训班，缅甸纺织协会选派的22名来自缅甸服装企业的负责人和技术人员参加了培训。培训内容为棉织物印染加工流程、质量检测、数码印花等，通过基础知识讲解及实操培训，进一步提高了学员的技术技能。此次定制式培训交流推进了"衣路工坊"国际交流合作项目的深入开展，为中缅纺织、染整等专业技术人才的合作培养搭建良好平台，也开创了学校国际合作的先河。

二、成果内容

服装设计与工艺专业群发展研究基地项目启动两年多来，伴随品牌专业群的建设，人才培养模式、课程体系、师资队伍、共享型教学资源和实训基地建设、国际合作等建设任务同步推进，各项工作均有显著进展，基本如期完成。现将取得的成果作归纳总结如下。

（一）理论成果

1. 构建了"专业联动、产训融合、多元共育"的专业群人才培养模式

通过前期对自治区内、自治区外专业群人才需求调研，分析专业能力，确定专业群培养方案定位，明确专业群人才培养目标。围绕广西创新发展"九张名片"和《广西轻工业振兴方案》，开展以服装专业为核心，以纺织、染整、服装专业群对接产业链，开展对接产业链的专业链群建设，对接广西茧丝绸产业发展需要，对接广西轻工产业发展人才需要，面向东盟，构建"产训融合、专业联动、多元共育"的专业群人才培养模式，确定了专业群的人才培养目标、人才培养规格、人才培养模式等，制定了适应区域产业发展所需要的专业技术人才培养方案。

2. 构建了"三对接+三融合"的专业群课程体系

三对接即课程内容对接职业证书，特色课程对接区域产业，中职课程对接高职课程；三融合为课程标准融合岗位能力，区域民族特色与现代时尚融合，职业素养与综合素质融合。在课程体系实现能力与实践深度协同，在设计课程体系上针对岗位任职要求，以岗位胜任能力培养为核心，确定课程内容，使课程内容与1+X职业能力标准相适应。

3. 整合专业群教学资源，开发建设共享课程及配套工作页

专业群内各专业教师把散落在各专业的教学资源进行重新整合，建设了"民族图案设计""纺织服装材料""民族服饰品产品开发实训"三门专业群共享课程，共同开发了与共享课程配套的一体化教学工作页、课程标准、课程实施方案、课程资源、课件、微课视频、课程标准、课程考核评价体系、教学设计等课程教学资源。结合产业链式的专业群专业特色，将各专业的教学资源设计到不同教学环节，环环相扣整合教学资源，共用共享整合实训资源，通力协作整合教师资源。

4. 创建了对接产业链的中职服装专业群实训基地运行机制

为确保对接产业链的中职服装专业群实训基地正常运转，充分发挥其培养满足社会需要和产业需求的服装专业群技能型人才的作用，学校制定了《广西纺织工业学校服装专业群实训基地管理制度》《校企合作服装"绣织坊"工作室管理制度》等，完善跨专业群实训机制，组建由教务科牵头，相关系部参加的专业群生产性联动实训调度中心。该中心统一调度专业群生产性联动实训教学工作，并对于专业群生产性联动实训教学工作具有决策的职能。该中心按照企业产业链生产运行模式管理专业群内各专业生产性联动实训教学工作，组织制定专业群生产性联动实训教学岗位职责，检查监督生产性联动实训教学岗位职责的执行情况，组织协调、落实专业群各专业的生产性实践教学计划和实训场地安排，以保障专业群生产性联动实训教学项目的顺利进行。以专业群生产性联动实训调度中心为龙头，各实训基地分别设立负责人，主要负责组织完成生产性联动实训调度中心下达的联动实训教学任务，以确保专业群实训教学任务的顺利完成。

5. 打造了一支优势互补、专兼职共存的专业群教学团队

通过校企互聘兼职人员、互培在职员工，一方面聘请企业技术人员在现场或校内担任兼职教师，另一方面加大专业教师到企业实践、挂职锻炼的力度，构建了一支由专业群负责人、专业带头人、校外专家、骨干双师教师组成的专业群教学团队，以专业负责人为引领、以专业带头人为核心、以骨干"双师"素质教师为主体、以校企互聘教师为补充，团队师资结构合理、充满活力、整体竞争力强。

6. 推行产教融合机制

为适应纺织服装产业的转型发展，提高技能型人才的培养质量，服装设计与工艺专业群根据广西纺织服装产业发展趋势和自身的人才培养目标，加大校企合作力度，推行产教融合机制，将产教融合贯穿于专业群人才培养、共享教学资源建设、课程体系构建、师资团队建设、实训基地建设等各个环节。

（二）实践成果

1. 专业群复合型人才培养初见成效

本项目通过"专业联动、产训融合、多元共育"人才培养模式，对专业群的教学资源进行整合，对应区域经济产业链对复合型人才岗位技能、专业素养的需要，集各专业优势培养人才，通过在2018级、2019级、2020级纺织、染整、服装专业群学生中实施，复合型人才培养初见成效，两年来先后获得30多项省部级奖项，设计产品获得外观专利12项，发表论文15篇，出版教材3部。

2. 产教融合，构建跨专业联动实训链开发产品

跨专业联动实训链的构建要立足专业群岗位能力需求，以产品生产任务引领优化实训内容，使各专业实训内容以产品为纽带形成联动，既达到训练专业技能的目的，又能与区域产业链相对接，同时实现校内生产实训基地的自身造血功能，实现良性循环。服装设计与工艺专业师生共同参与企业真实项目开发，与广西嘉联丝绸公司合作开发的"壮美广西""瑶王印章"系列数码印花丝绸产品，首先由服装专业设计图案，其次到纺织专业进行面料织造，再次就是由染整专业进行数码印花及后整理，最后再由服装专业完成丝巾的缝制、展销，该系列丝巾在2021年中国—东盟职教联展活动中受到泰国教育部门领导的青睐。

3. 专业群社会服务能力不断加强

专业群集合了各专业的师资、实训优势，社会服务能力不断加强，多次为"中国非遗传承人群研修研习培养计划暨广西民族服饰制作技艺传承人群培训班"培训74人次；为广西残疾人劳动指导就业中心全国残疾人职业技能大赛服装项目选手培训8人次；为河池市宜州区大中型缫丝企业开展为期2个月的培训活动，培训员工约3400人，为提升区域茧丝绸企业的产品质量意识和员工的操作技能水平，帮助企业节能降耗、提高产量质量作出贡献。

三、成果创新点

1. 探索出对接广西茧丝绸产业链延伸的人才培养模式

明确专业群人才培养目标，聚焦广西茧丝绸产业链的关键节点，明确对应的岗位集群，明晰专业群与岗位群的映射关系，优化专业群建设重点，立足于服务地方经济建设的发展定位，构建专业群"专业联动、产训融合、多元共育"人才培养模式，培养了纺织+染整+服装产业链技术人才，服务于地方产业发展需求。

2. 打通了一条对接区域产业链的专业群实训链

广西纺织工业学校是广西唯一具有纺织服装产业链式专业及教学条件的学校，依托学校底蕴深厚的传统专业师资实训资源，专业群建设主要着眼于跨专业的流水线链式联动，打通从面料织造—面料染整—服饰品设计开发—产品销售陈列这样一条流水线式的实训链，避免与其他学校出现同质化现象。对接区域产业链的专业群实训链的开展实施，是对原服装生产型实训基地教改项目的拓展和延伸，既弥补了原来单一专业教学场地不足、师资实训资源不足的缺陷，也有效地填补广西中职服装实训基地建设相关领域的空白，为中职探索培养复合型人才提供学习经验。

3. 为民族文化的传承和创新提供借鉴

服装设计与工艺专业群将项目开展与非物质文化遗产的民族技艺、民族文化相融合，既保留传统文化的精髓，又通过现代设计及制作赋予传统文化新的活力，为民族文化的传承和创新提供有益借鉴。

四、结语

专业群的建设是一所学校提高办学水平和社会声誉的根本途径。广西纺织工业学校一直坚持以建设专业群为核心，把打造高水平的品牌专业群作为学校内涵建设和专业改革的重要内容，经过三年的探索实践，成功打造了一个服务地方经济、支撑区域特色产业的专业群，实现了办学水平、服务能力、社会效益显著提升，群内各专业人才培养质量的共同提高，在专业特色、建设水平、社会效益方面为广西中职院校起到了良好的示范引领作用。

模块四
服装设计与工艺专业群
师资队伍建设研究

服装设计与工艺专业群教学团队建设研究

一、建设专业群教学团队的目的

为了提升广西职业教育发展水平，发挥区域产业优势，通过专业集聚和提升，打造专业特色和学校特色，培育基于地方经济和集群产业基础的区域职业教育竞争力，2018年，广西教育厅启动了第一批专业群发展研究基地项目，该项目目标之一就是要组建一支结构合理、分工明确的专业群教学团队。专业群背景下的教学团队建设，主要就是针对教师和课程资源进行整合与优化，从而实现知识技能的互补，有利于团队目标与教师的个人目标相互促进，激发教师参与团队教学科研活动的积极性，有利于师资队伍整体水平的提升。

服装设计与工艺专业群教学团队是在开展广西区内外行业、企业、院校调研的基础上，结合纺织服装产业链的现状，组建了由纺织技术、染整技术、服装设计与工艺三个专业构成的专业群，服装设计与工艺为核心专业。专业群教学团队由广西教学名师作为专业群负责人和多名纺织、服装、染整专业骨干教师组成。通过服装专业群教学团队的建设，开展教学讨论和教学经验交流活动，开发教学资源，促进教学工作稳步发展，发挥传帮带作用，对于提高专业群建设的质量，推进学校整体发展具有重要意义。

二、专业群教学团队建设存在的问题

服装设计与工艺专业群教学团队中教师动手及实践能力不能达到目前产业链中岗位所要求的职业教育需求，缺少在区域产业内具有高水平、高素质、有影响力的专业带头人及高素质的兼职教师，由于地处服装产业不发达地区，服装产业规模小，产业支撑力度不足，教师的专业能力提升缺少本地大型服装企业的支持，缺少与行业沟通、学习提升的机会，专业与产业链之间的团队缺少有效沟通的渠道，导致教学、实践技能都没有跟上行业的发展，教育教学与行业、产业脱节。

1. 教师结构不合理

（1）年龄结构不合理。从教师的年龄结构可以反映出教学团队的活力和发展潜力，年轻教师冲劲足，老教师做事沉稳，二者之间的合理搭配可对专业群的发展和教学水平的提高有显著作用。教学团队教师之间合理的年龄结构搭配，每个年龄层的教师都需要控制在一定的数量和范围。然而，目前学校服装设计与工艺专业群教学团队主要表现为各年龄组的比例差异较大，年轻与年长的两极分化严重。35岁以下青年教师骨干数量不足，高级讲师数量为12人，但12人中仅有1名40岁以下的高级讲师，绝大部分高级讲师年龄在50～60岁，已经接近退休年龄，作为教学主力的讲师队伍年龄也偏大，平均年龄约为38岁，教师梯队年龄断层明显。自治区内服装行业发展不畅对招生规模有影响，招生规模的收缩使得教师队伍也无法进行编制扩容，只能以外聘和企业兼职的形式解决专业群师资不足问题，但外聘老师和企业兼职教师在校任职不够稳定，常因为自身工作原因出现离职或调停课的现象。也使得教师队伍年龄结构在不断变化，无法在一段时间内保持相对稳定的年龄配比，人员稳定性差对教学质量和教科研工作的开展也有一定影响。

（2）职称结构不合理。职称的晋升是认证教师能力高低的途径之一，职称提升了，整个团队的内在素质才能达到质的飞跃。目前高级职称仅达到专业建设要求的合格线，且年龄偏大，多名高级讲师在未来的3～5年面临退休，讲师职称的教师缺少晋升动力，有几名讲师都达到了职称晋升的年限，但因个人及职称晋升政策等客观因素迟迟不能晋升，而有些教师已经入职了几年却依旧只是助理讲师职称，整个教学团队出现了"两头尖，中间细"的现象，即高级职称人数多，但年龄偏大，无职称和缺少晋升动力的人数也较多，这样的现象导致教师的支撑力度不够，在开展教科研和各种教学比赛时水平不均匀，是影响教学团队建设的主要因素之一。

2. 年轻教师实践能力有待提高

目前，专业群高级讲师和部分骨干教师都来源于企业，约占教师团队的三分之一。教学团队中教师来源单一，年轻教师很多都是"三点一线"教师，即从大学到中等职业学校到家庭，对职业教育的认识不够深入，重理论轻实践的思想占主导。青年教师到校任教后，与行业接触少，加之广西本地缺少大型服装企业，私人企业也缺少实践岗位提供给青年教师，使得青年教师整体缺乏实践锻炼，实践能力不足。教学团队教师数量不足，但相关专业的毕业生实践能力又不能够完全满足教学需求，教师数量的扩容和实践能力之间存在矛盾。

3. 团队教师缺交流互动的平台和机制

专业群教学团队建设的主要目标是促进教师开展教学经验交流，探索新型的适合当下新形势的教学方法。但在实际的教学团队建设过程中，团队中教师合作意识较弱，在教学上往往各自为政，使得在同一课程的教学中出现同专业同年级之间学习情况差异较大，缺乏团队对课程的统一沟通和协调，没有真正的教学分工和合作意识，缺少共享、创新性思维。相当一部分教师课后都忙于杂务，缺乏合作意识，甚至在教学过程中遇到问题也很少与其他教师交流。学校的专业群教学团队是跨专业教学团队，5个不同的专业分属两个不同的教学系部，在合作的共享课程推进及教师资源共享上存在实际意义上的人员调配困难，缺少平台统筹安排课程和项目进行合作交流。如教务在安排课程时如果没有教学系部提前介入，教务不会优先安排专业群成员上课，且专业群教师跨专业上课须经不同部门领导的层层审批，手续烦琐，因此很多教师为了免去烦琐的手续，不愿意跨专业上课。教师在先天管理制度的约束下缺乏主动的合作意识，常常处在"等待"或是"逃避"安排的状态，而不是主动出击寻找合作。

三、专业群教学团队建设思路

专业群教学团队是一支由行业企业专家与校内教师组建、以专业带头人为核心、骨干教师为引领、"双师"素质教师为主体、校企互聘的专业教学团队。

1. 组建一支由专业群负责人、专业带头人、骨干教师、专业教师构成的专业群团队

（1）专业群负责人是专业群建设的核心，负责组织专业群的规划、课程开发、资源配置以及各专业间的协调与联系，不仅要有扎实的专业基础，还要在专业和学术上有一定的造诣，并能及时掌握最新的行业发展信息和判断发展趋势，具备良好的协调、沟通能力以及相当的领导力。

（2）各专业带头人是教师队伍中的教学骨干，主要指导和从事专业建设和教学研究，专业研究方向突出，具有一定的教科研水平，能组织和带领青年教师进行专业建设，在专业建设和专业群之间的协作中起到统领、表率作用。

（3）骨干教师是专业群团队的中坚力量，具有较丰富的教学经验、突出的教学能力和优秀的科研能力，并取得了一定的研究成果，能对其他教师起到一定的示范作用和带动作用。

2. 搭建信息平台，实现资源共享

专业群的师资整合就是为了能更好地实现资源的共享，尤其是教学和科研方面的共享。专业群可以使用校园信息平台及QQ群、论坛及各种在线会议的形式，或开展主题研讨会、座谈会、为教师提供交流平台。专业群根据教师专业能力发展的需要，组织各个不同专业的教学群成员跨专业组建不同类型的教学团队，更好地促进不同专业教师之间的交流，有利于知识和技能的共享。例如，根据专业群教学团队的工作内容，专业群师资构成和教师的个人特长、研究方向的不同教学团队，如建立一支技能竞赛指导团队、一支教研教改教学团队，使教师获得多元化的信息源和开放化的环境，实现不同专业、课程组以及专兼教师之间的充分沟通和资源分享，从而促进教学团队成员的协作、互动。

3. 以教改项目实施为依托，提高团队教科研水平

每年自治区教育厅开展的职业教育教改项目是专业群整合各专业力量、促进专业交叉、培育专业带头人、锻炼专业团队的重要渠道。在项目研究实践过程中，参与成员可以加深理解各专业结构之间内在的关系，进一步融会贯通各个领域，提高综合能力和水平，协同攻关克难，为专业群发展和人才培养提供了较好的条件。

4. 创建交流机制，提升团队凝聚力

在组建专业教学群团队时，要充分考虑成员的年龄、职称及技能证书、双师认证等，并对团队成员进行成长评估，以便后期组建相似类型的团队成员交流活动，使团队成员之间的知识、技能和职业素养相辅相成。团队负责人要有创造性、凝聚力、感召力和影响力，建设团队凝聚力的作用，团队内部要进行明确分工，通过团队成员的配合，提高工作质量和效率。通过不同专业之间的教师联动课程教学、指导学生合作学习、不同专业之间的教师混搭参加相关教学比赛、技能比赛或相关教研、科研活动，引领团队健康发展。

5. 构建优势互补、专兼职共存的双师结构队伍

师资队伍建设是教学团队建设的核心，探索建立校企双方的互助机制。一方面提高专业群骨干教师的实践能力、积累企业工作经历、树立行业影响力，另一方面通过引进企业技术人员进入团队，可以提升整个团队的协同创新能力，将企业项目与日常教育教学有机地融合在一起，提升行业、企业兼职教师的课程开发与教学设计能力，推进双师结构教学团队和科研创新团队建设，建立高效的团队合作机制，整体提升专业群团队的教学能力与协同创新能力，在满足专业群中各专业实际教学需求的同时，满足来自行业企业的社会服务需求，实现师资共享。

6. 建立相关激励机制，充分调动教师工作积极性

（1）学校层面要从职称评定，教师外出培训，人才选拔，教科研项目和教师年度绩效考核等方面完善激励机制，专业群负责人才能依据学校相关的政策调动教学团队的积极性，让教学团队的每一位成员都能感受到自己被认可，从而提高整体教学水平，调动团队成员的积极性、主动性和创造性，保持教学团队的蓬勃活力。

（2）建立专业带头人、双师型教师、普通教师、兼职教师培养机制，初步形成老带新的教师指导机制，帮助各层次教师的成长、进步，同时明确各层次教师的评聘标准，职责和任务，制定相关激励方案。

（3）依据学校要求，严格执行教师下企业实践锻炼机制。要求专业教师每两年完成企业实践两个月的实践任务，积累教学所需的职业技能和专业技能等实践经验。

（4）建立培训机制，组织青年教师参加知识技能培训，有效提升教学团队整体素质。

四、结语

专业群根据学校整体发展需要，已经制定专业教学团队科学合理的发展规划，但专业群建设工作是一项长期的工作，并不只是局限在短短的三年建设期中，而教学团队的建设工作更是一项需要长时间、投入大量精力、但成果回收慢的艰巨工作。"逆水行舟，不进则退"，教师在面对发展机遇时不能怕苦怕累，而要迎难而上，合理地安排自己的工作、学习和家庭的时间分配，尤其是青年教师，更不能错过和放过每一次学习和提升的机会，把学习主动权牢牢地掌握在自己手中。作为学校层面，为确保专业群教学团队能有效开展工作，应建立完善的配套考核机制，加强专业群教学团队管理。专业群负责人要从教师的成长、提高学校的整体教学质量和学校的长远发展等方面考虑教学团队的建设。建设一支高素质的教学团队是一项长期而艰巨的任务，要充分利用教学团队的教学资源和团队成员的智慧，提高人才培养的整体质量，才能有效促进学校教育教学健康发展。

服装设计与工艺专业群领军人才成长研究

一、研究背景

根据《教育部财政部关于实施职业院校教师素质提高计划的意见（2017—2020年）》（教师〔2016〕10号）提出，重点提升教师的团队合作能力、应用技术研发与推广能力、课程开发技术、教研科研能力，培养一批具备专业领军水平、能够传帮带培训教学团队的"种子"名师。专业群领军人才即专业群教学团队的"种子"，一个专业群要想获得长足发展，专业群领军人才的培养至关重要。专业群领军人才是指具有优良的师德师风、教育理念新、专业理论底蕴深，取得了高学历或高级专业技术职称，在行业领域具有一定知名度和影响力，管理协调能力强，能够引领团队进行专业群建设，提高专业群建设水平和人才培养质量的教师或教学管理人员。广西纺织工业学校根据各专业发展及教师队伍建设发展需要，借"广西职业教育服装设计与工艺专业及专业群发展研究基地"项目研究之机，结合学校服装设计与工艺专业群领军人才的成长过程，对服装设计与工艺专业群领军人才的特质、成长环境、培养原则及培养途径等进行了研究。

二、专业群领军人才特质分析

1. 业务水平高

专业群领军人才的业务水平高主要表现在以下方面：一方面，作为专业群的领军人才，首先要有精湛的专业技能，学术造诣深厚，熟悉本行业的发展前沿及最新技术；另一方面，专业群的领军人才跟其他行业的领军人才不同之处在于，要具有较强的教学一般能力和特殊能力，不仅要懂得怎么教，而且要懂得为什么而教，这样才能在专业群发展中寻找到改革的根源，才能为人才质量的改革创新提出可行的方案并实施；再一方面，在教研教改方面有自己的建树，教研教改能力是新形势下对教师综合能力提出的迫切要求，教研教改是对教师的教育观念、拓展思维、专业水平、教学能力、归纳总结等方面能力的考验，是教师专业化发展的必经之路。因此，作为专业群领军人才，不仅要自己懂得如何开展教研教改，而且要带领团队一起探索研究。

2. 创新观念强

教师的职责是传授知识，但不能成为知识的"搬运工"，特别是在现代技术日新月异的时代，作为职业学校的专业群领军人才，更是要根据行业的发展趋势，运用自身的专业能力和教学技能将知识进行拓展延伸，在教学和教研教改上不断进行创新和自我超越，在教学实践过程中积极探索、反思并不断改进，具有创新意识，形成自己独特的教学风格，才能适应时代发展的要求。专业群领军人才也只有具备自主创新意识和创新精神，才能起到引领示范带动作用。

3. 团队意识浓

所谓领军，多比喻在某领域内起到领头作用。专业群的领军人才是团队形成和发展的关键，是教学团队的"精神标杆"，优秀的专业群领军人才必须树立强烈的团队意识，充分利用自身的专业能力、吸引力及感召力，带领专业群中的教师团队开展专业群建设及教改活动等，领军人才在教师团队活动中起到策划、引领、协调的作用，既充分发挥教师个体的作用，又要提升团队的凝聚力，让大家朝着同一目标前进。

三、专业群领军人才成长环境

1. 民主的环境

专业群领军人才是论能力而定，而不是论资排辈，因此学校营造民主、平等的环境很重要，要做到机会面前人人平等，让有能力的人有成长的空间。同时，学校要给予培养对象柔性管理的环境，增强领军人才的主人翁精神，充分发挥他们的积极性和主动性，鼓励专业群领军人才组建自己的团队，对领军人才在教学、教研教改、产品研发、团队组建等过程中给予足够的人力、物力和财力等方面的大力支持。

2. 激励的环境

管理学基本原理表明，工作绩效取决于人们的能力和激励水平的高低。这里所说的激励包括对专业群领军人才达到一定工作目标给予的物质上的激励，也包括荣誉奖励以及给予工作上的精神激励等。激励既是对领军人才专业能力和工作水平的肯定，也是调动领军人才工作积极性、激发其最大限度释放潜能的原动力。

3. 学术的环境

专业群领军人才成长的学术环境是指在全校范围内形成鼓励和宽容的良好学术环境。首先学校要形成浓郁的教研教改氛围，充分调动教师参与教研教改的积极性，树立"以改促教"的理念和学术氛围，这样对教学团队的组建及教学改革工作的推进能起到很好的促进作用。其次，学校要打造"产、教、研、学、训"的专业教学条件和氛围，把校企合作、产教融合落到实处，形成对外开放交流的学术环境，鼓励教师以项目为抓手，在提升学校社会服务能力的同时，也拓展教师的专业技能和创新能力，同时也为专业群领军人才的创新理念、技术革新提供施展的平台。

四、专业群领军人才培养原则

1. 择优原则

专业群领军人才培养对象的选拔要遵循择优原则，要做到宁缺毋滥，坚持高标准、严要求，选择"品德优秀、能力突出、潜力巨大"的人选作为培养对象；当有多个候选对象时，可以通过专业群领军人才培养对象的遴选标准淘汰不符合条件的对象，再有就是通过综合评价筛选出最终的最佳培养人选，坚持"好中选优"的原则。

2. 合力原则

时代在进步，技术在创新，脱离行业和社会的培养只是闭门造车，不会获得预期的效果。因此对专业群领军人才的培养，不是培养对象个人的事情，也不是某专业系部的事情，而是要集社会、企业、学校、专业系部等多方力量，形成合力，才能培养出紧跟行业发展步伐、专业技术精、业务能力强的优秀领军人才。

3. 持续原则

专业群领军人才的成长不是一蹴而就的，而是需要经历一个长期、持续的积累和培养过程。首先学校和专业系部要做好专业群领军人才的总体规划，专业群领军人才培养对象根据总体规划做好个人分阶段的发展目标，然后根据各阶段的目标来实施，经过不断积累和实践，才可能达到培养专业群领军人才的最终目标。而且随着科技的进步、行业的更新、教学的改革，作为专业群领军人，要树立"终身学习"的理念，只有不断持续地学习进步，才能成为团队名副其实的"领头羊"。

五、专业群领军人才培养途径

1. 培训实践双管齐下

对专业群领军人才的培养，一方面通过参加线上、线下专题培训提升业务水平；另一方面通过去企业调研、实践、与合作企业共同研发制作产品等，了解并掌握行业的前沿技术，对提升领军人才的专业技能能起到至关重要的作用。

2. 以赛促培提升技能

参赛既为教师展示实力提供平台，也为相互学习提供便利，同时是提高教师专业技能的有效途径。专业群的领军人才通过自己参赛及带赛，可以做到知己知彼，既可以看清自己的长处或不足，也可以学到不同选手的优点。参赛是检验领军人才自身专业技能和心理素质的最佳手段，而带赛是检验领军人才教学效果的试金石，两者缺一不可，在参赛带赛过程中，集百家之长补己之短，方能实现专业技能和教学水平质的飞跃。

3. 以研促改不断创新

研是为了更好地改，改是为了更有成效地教，教研教改的本质就是发现问题、解决问题、归纳总结的过程。为做好教研教改，需要进行理论学习，需要集体头脑风暴，需要查阅资料拓展知识，需要实践并不断反思总结等，这其中的每一个过程都是一次学习实践、知识更新、不断创新的历程，也是培养专业群领军人才综合素质的有效途径。

4. 专题活动相互助长

专业群领军人才的成长过程是一个不断打磨的过程，在这一过程中，不仅要传授自己的经验，也要博众人之长而长于众人。因此可以通过校内及校与校之间的公开课、讲座、听课评课、集体研讨、座谈等专题活动，在活动中大家相互学习、相互促进，这对于领军人才的培养也是一个锻炼学习的大好机会。

六、我校专业群领军人才培养成效

广西纺织工业学校2018年获批服装设计与工艺专业及专业群实训基地项目，为把项目做好做实，项目组成员通过研讨遴选了汪薇老师为项目组主要负责人，汪薇老师也作为专业群领军人才培养对象，是学校服装工程系的专业教师，也是服装设计与工艺专业的专业带头人。经过两年的培养锻炼，汪老师的研究能力、实践能力和教学组织能力不断提高，成为专业群基地研究的"领头羊"，专业群领军人才实至名归，具体体现如下几方面。

1. 带领团队成员，积极投入专业群研究基地项目

在专业群研究基地项目中，汪薇老师主要负责组织专业群的发展规划、课程开发、资源配置以及各专业的协调与联系，了解最新的行业发展信息和判断发展趋势等。依据行业人才需求，分析本专业群人才培养方案并修订，构建专业群课程体系，建设专业群共享课程，建设专业群实训基地、组织教学团队编写研究专著，编订一体化工作页等，引领专业群骨干教师提升教科研能力。

2. 以教科研为先导，以教研促教改

汪薇老师2018年底获得正高级讲师职称，2019年荣获"广西教学名师"称号。作为广西教学名师，汪薇老师已经从一线教师成长为研究型教师，更加意识到教科研对于专业建设、专业群建设和学校教学建设的重要性。2019年，汪薇老师主持的"广西白裤瑶服饰技艺职业教育传承研究"获得广西教育科学"十三五"2019年度规划资助经费A类重点课题；2020年作为主持人获批区级重点立项1项；2019年主持的广西职教教改项目"民族地区中职学校'传承创新，产教融合'服装工作室的建设与研究"顺利结题，2020年主要参与的"广西白裤瑶服饰技艺职业教育传承研究"和"广西5个少数民族服装形制及教学传承研究"顺利结题；2018年以来发表论文4篇，获批外观设计专利2项。

3. 推进民族特色课程建设，让民族服饰技艺走进课堂

（1）2018年12月，汪薇老师主持开展一次主题为"白裤瑶技艺进课堂"系列民族服饰传承与创新校内观摩课活动。这次白裤瑶服饰技艺进课堂活动是一次大胆的课改尝试，真正实现了民族服饰技艺进课堂，将民族技艺融入中职服装专业人才教育，创新民族服饰技艺教学环境。

（2）2019年3月，汪薇老师主编的"十三五"职业教育部委规划教材《民族服饰品制作》由中国纺织出版社出版。该教材突出广西本地民族服饰技艺特色，选取广西仫佬族马尾绣、白裤瑶数纱挑花、隆林壮族箔衮三种服饰技艺作为典型代表进行编写，挖掘并提炼其中的民族元素，开发具有广西特色的民族服饰产品，将本地区的民族服饰技艺更好地传承下去。

（3）2020年，作品在首届壮美广西民族服饰设计征集与展演参展，获得优秀奖；参加第一届中职民族文化传承"艺匠杯"非遗创意设计大赛，获得银奖。

（4）2020年，微课作品"南丹白裤瑶服饰米字花刺绣技法"获得广西职业院校教学能力大赛微课赛项比赛一等奖，并在全区经验交流会上分享交流。

（5）2020年11月，在壮美广西"民"师进课堂第二期主讲网络课程"广西南丹白裤瑶服饰文化解读"。

（6）2019～2020年，连续为"中国非遗传承人群研修研习培养计划暨广西民族服饰制作技艺传承人群培训班"培训。

七、结语

专业群领军人才不是一朝一夕培养而成的，而是需要营造适合领军人才培养的环境，从领军人才培养对象的确定到培养的每个阶段，必须是有计划、有方法、有目标、有考核的一个长期、持续、不断改进的培养过程。在这一过程中，需要领军人才本人具有不畏困难、刻苦钻研、勇于奉献的精神，也需要学校、专业系部、教学团队等多方通力协作配合，同时也要得到社会、行业、企业及上级部门的大力支持，合力助推专业群领军人才健康、快速成长。

服装设计与工艺专业群研究团队的建设和管理

一、专业群研究团队建设的重要性

"广西职业教育服装设计与工艺专业及专业群发展研究基地"自2018年立项以来，由项目组的15名成员组成了一支专业群研究团队。对一个项目而言，研究团队的建设非常重要，它为每一个成员提供了更大的活动空间和更好的工作环境，很大程度上激励了团队成员的工作积极性和创造性。首先，团队朝着一个共同的目标前进，有较强的荣誉感，会更加努力地工作；其次，团队的建设有利于增强整个项目的凝聚力，以团队的形式工作，要求团队成员之间要很好地进行沟通、理解以及相互帮助，克服工作中的各种难题；最后，团队工作形式可以不断地对成员的技术能力、人际处理能力、决策能力以及管理能力进行培养，从而使每一个成员发挥其最大的价值。

二、服装专业群研究团队的构建

在服装专业群研究团队（图4-1）中包括三个层次：团队核心层、中心层、外延层。核心层是指直接主管或分管项目工作的群体，是核心人员，主要有项目主持人、校长或分管教学的校长和项目负责人，他们的工作影响着项目的成败；中心层是执行核心层决策，向外延层下达任务的群体；外延层是指执行中心层具体任务的群体。团队成员均有明确的权力和责任。角色和职责不清楚往往会造成项目团队的混乱，绩效不高。总结归纳，服装专业群研究团队主要有以下几个特点。

1. 共同的目标

对于"广西职业教育服装设计与工艺专业群发展研究基地"项目来说，服装专业群研究团队的建设目标就是如何培养一批具有较高专业素养的研究队伍，要实现这个目标，每一个团队成员都要有共同的思考。

2. 合理的角色定位

在团队中有明确合理的分工与协作，每个成员都要明确自己的角色、责任和

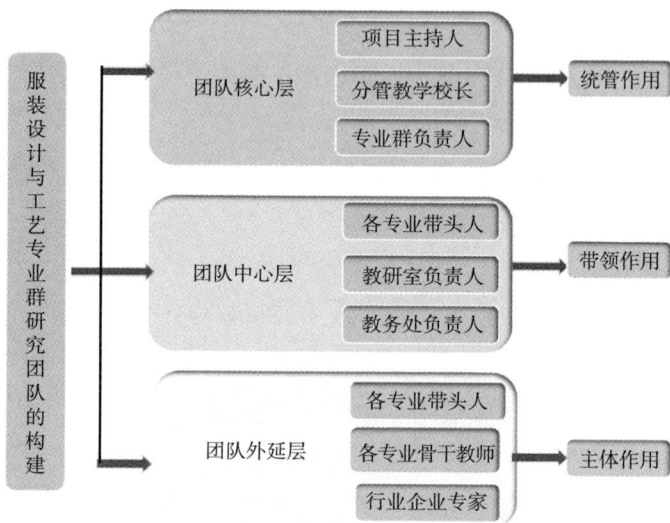

图4-1　服装专业群研究团队的构建图

作用。

3. 高度的凝聚力

凝聚力是指成员在项目内的团结与相互吸引力，即向心力，也是维持团队正常运作的所有成员之间的相互吸引力。核心层、中心层、外延层三个层次的成员要进行有效沟通，发挥更高的工作效率，促进团队的高度凝聚力。

三、专业群研究团队成员的作用与分工（表4-1）

1. 团队的核心层

团队的核心层应具有良好的政治素养和较强的组织协调能力，有充沛的精力领导团队开展工作，负责组织专业群的规划、课程开发、资源配置以及各专业间的协调与联系，掌握最新的行业发展信息和判断发展趋势，同时应具备良好的协调、沟通能力以及相当的领导力。主要负责专业群辐射平台建设、专业群校行企跨界共建共享与交流推广、校政行企参与的专业群建设机制三个方面的研究。

2. 团队的中心层

团队的中心层是专业群研究团队中的教学骨干和学术权威，主要指导和从事纺织、服装专业建设和教学研究，取得具有一定学术水平的教学和科研成果，能组织和带领骨干教师进行专业建设，在专业建设和专业群之间的协作中起到统领、表率作用，主要负责服装专业群才培养模式、服装专业群教学团队建设研究、专业群建设、专业群对接区域产业链三个方面的研究。

3. 团队的外延层

团队的外延层是专业群研究团队的中坚力量，具有较丰富的教学经验、突出的教学能力和科研能力。主要负责专业群共享资源、服装专业群课程体系、专业群共享课程一体化教学工作页开发三个方面的研究。

表4-1　专业群研究团队成员的作用与分工

团队层次	研究内容	研究成果	完成时间
团队核心层	1. 专业群校行企跨界共建共享与交流推广研究 2. 校政行企参与的专业群建设机制研究 3. 专业群辐射平台建设研究	专著 论文	2021年9月
团队中心层	1. 专业群才培养模式研究 2. 专业群教学团队建设研究 3. 专业群建设、专业群对接区域产业链研究	专著 研究报告 论文	2021年6月
团队外延层	1. 专业群共享资源研究 专业群共享课程开发研究 专业群共享师资构建研究 专业群共享实训基地研究 专业群共享校企合作途径研究 2. 专业群课程体系研究 3. 专业群共享课程一体化教学工作页开发	论文 工作页	2021年3月

四、专业群研究团队的管理建设

1. 制定良好的规章制度

在项目规模小的时候，项目主管既是技术专家，善于解决各种各样的技术问题，还要通过传帮带的方式实现人管人；在项目规模较大的时候，项目主管必须通过立规矩、建标准来实现制度管人。

2. 建立明确共同的目标

团队中的不同角色由于位置和看问题的角度不同，对项目的目标和期望值会有很大的区别，要善于捕捉成员间不同的心态，理解他们的需求，帮助他们树立共同的奋斗目标，劲往一处使，使团队的努力形成合力。

3. 充分调动每个成员的积极性

在问题讨论上，团队负责人要善于听取不同的声音，不搞一言堂，对提出的问题要有积极的反馈，确保交流的畅通，在公共场合对工作表现出色的成员要给予肯定。

4. 坚持原则

团队负责人凡事不能大包大揽，要让每个成员承担一定的压力，培养时间观念，在规定的时间内完成自己的任务。在项目进行过程中坚持原则，以合适的顺序开展各项工作。

5. 沟通协调，解决矛盾

在项目研究的过程中，团队成员之间存在冲突是很经常也很正常的，需要有效地解决这些冲突。成员之间相互了解越深入，彼此合作越默契，人与人之间相互了解需要一定的磨合时间，团队负责人要引导冲突解决结果向着团队成员积极协作有利的方向发展。在所有的解决方式中都离不开沟通，沟通的方式有很多，如口头沟通、书面沟通、正式沟通、非正式沟通、面对面或者是通过其他方式沟通等，这需要根据项目以及冲突的不同性质选择不同的沟通方式，以达到效率最高。

五、专业群研究团队建设中的经验与建议

（1）服装专业群研究团队中，专业群负责人是关键的核心人物，是团队中的领军人物，他需要对每位成员的擅长方向、研究能力、性格等有清晰的了解，对每位成员承担的研究任务要有明确的划分，对成员之间的沟通和合作方式建立流程规范，让大家对项目的目标有清晰的认识和理解，合理分配工作，把合适的研究工作放在合适的成员身上，以发挥每个人的优势。

（2）加强研究团队的合作，中心层成员不仅局限于完成自己的任务，还要协同外延层成员共同完成承担的研究任务，把自己在项目中的经验和教训和大家分享，遇到相同问题时能很快解决。

（3）提高团队的开发能力。团队负责人将有关信息、材料和资源及时分享给全体成员，要保证团队成员完全明白这些信息对工作的重要性，强化团队发现问题、思考问题、解决问题的能力，调动团队成员的积极性，提高团队的开发能力，为解决技术问题创造充分的条件。

（4）专业群研究团队的建设需要一个开放、坦诚、及时的沟通环境，要让大家都善于沟通、乐于沟通，大胆提出自己的想法和意见。

（5）核心层成员要注意适当地运用激励措施，解决反抗与抵制情绪，克服团队反抗情绪，当团队成员表现突出时，要及时、公开给予肯定，让他们感觉到自己的工作获得认可，这样有利于把工作做得更好。

综上所述，服装专业群研究团队建设是非常重要的，没有高效的团队就没有高质量的项目。经过大家三年的共同努力，该项目的研究团队成长为一支高效能的团队。

模块五
服装设计与工艺专业群
开放交流研究

对接区域产业链的中职服装设计与工艺专业群校行企跨界共建共享研究

专业链、产业链与教育链对接融合是实现产教融合、提升教育服务质量的重要途径。产业链为人才培养的发展指明了方向，产业链的变化和产业链的技术升级影响着教育链、专业链的培养规格和培养目标。广西纺织工业学校服装设计与工艺专业群依托行企校跨界合作多维共享平台，与区域纺织服装产业链对接，开展校企资源共建共享与交流合作，实现良性循环、实现自我完善和发展。

一、搭建多维平台，联动合作机制

1. 搭建纺织服装产业调研平台，建立校行企联动合作机制

每年定期开展广西纺织服装产业人才和技术需求调研，在调研的基础上，联合广西服装学会、广西茧丝绸学会、广西嘉联丝绸有限公司、广西绢麻纺织科学研究所有限公司等行业企业，建立学校、行业、企业多方参与的一体化、联动产业调研平台，建立联动长效合作机制，形成专业群人才和技术需求数据库，保证学校与纺织服装企业在技术与人才方面的需求和供给信息互通，也是保证学校专业群教学内容适应产业变化并动态调整的有效措施。

2. 搭建产品创新开发平台，打造产教反哺机制

发挥服装专业群师资团队的技术优势，联合自治区内有研发实力的纺织服装企业建立产品创新开发平台，推动产教融合。校企共建服装专业群研发中心，组建由企业技术专家和学校专业带头人参加的产学研合作委员会，研发中心参与企业产品发展规划的制定，并为企业产品更新提供技术支持；开展多元化合作交流，参与企业对产品流行趋势的消化吸收与创新，根据市场需求，针对企业新产品研发问题进行持续技术攻关，为企业提供成熟的新产品、新工艺、新技术；为企业培训技术和管理人员；教学方面将企业的产品研发项目引入课堂，让学生参与企业项目；组织学生赴合作企业学习参观，提高实操技能。

3. 搭建校企合作与交流的信息共享平台

校企双方利用互联网技术合作共建教学资源，搭建校企合作信息平台，实

现与多家纺织服装企业在平台上的线上互动，同时进行校企合作项目管理，实施项目进度监控，共同进行资源信息整理汇集，开展数据分析，供学校和企业双方共享。建设学生校外实习的网络平台，有效保障学生校外实习质量实时监控的实施。通过该信息平台，便于校企之间、企业之间、学校与企业之间在技术、设备、科研、管理和人才供需等方面的合作与交流，形成以学校为中心、以纺织服装企业为依托、以专业群的发展为支撑的辐射多家企业、服务多个领域、受益众多学生的网络空间。

二、以资源融合共享为保障，实现合作双赢

1. 教学信息资源的共建共享

校企双方共同开发"纺织服装材料""民族图案设计""染织绣服饰品开发实训"等专业群共享课程，共同开发课程标准、工作页、实训教材、评价标准、微课等教学资源，共同编制员工培训标准、培训计划和培训课程。通过远程信息化教学平台，企业向学校开放生产现场视频和运行数据，学生在校内即可实况学习岗位生产和操作过程，增强感性认识，提高教学质量。学校向企业开放校内资源，专业教师赴生产现场或远程为企业员工开展技术培训，学校和企业形成优势互补。

2. 师资及技能人才共建共享

校企共同实施"互聘共培"促进专业群教师的专业水平提升。从企业中选聘有工作经验丰富、技术精湛的工程师、技师和管理人员担任实训指导教师，他们可为学生带来先进的、符合行业需求的专业理念，在教学过程中发挥巨大的师资优势，同时还将企业中的生产项目带入课堂，让学生在学中做，做中学，达到"教学做"的统一，强化了学生的职业和岗位意识。校企双方还共同实施员工技能培训任务，并邀请企业一线技术人员指导学生参加技能竞赛，和学校的专业群教师共同研究竞赛规程、制订培训方案、实施赛训指导、搜集培训素材、指导关键技术等，使得参赛选手具有过硬的技术能力和心理素质。利用寒暑假组织年青教师赴企业培训学习或挂职实践，了解企业一线生产情况、掌握最新行业动态、熟悉工作流程、掌握基本业务技能，参与企业科研攻关。校企"互聘共培"激发了教师和企业技术人员的创新性，真正实现了知识资源的共享。

3. 实训基地共建共享

校企共建校内和校外实训基地，共同开展实训基地的建设规划、实训设备选

型、实训项目开发、实训教材建设和评价体系建设；校内实训基地由企业提供实训设备、工具、材料，协助设备正常运转和维护，学校负责实训基地日常管理协调工作、按照企业要求提供定单式的培养服务，根据企业的要求开发培训项目，为企业提供技术服务和技术咨询；校企依托实训基地共同进行技术开发、新产品研制和项目攻关，参与产品生产制造的全过程。

三、以共同利益需求为核心，开展交流互动

1. 与广西本地茧丝绸企业合作，开展技术攻关活动

将学校项目研究与企业技术攻关紧密融合，激发教师的创新性。学校纺织、染整和服装专业的教师与企业技术人员组建成一支研发创新团队，解决企业的技术难题，同时共同完成行业前沿技术的研发，研发的成果不仅可用于企业生产，还可以将研发内容整合成案例项目应用到日常的课堂教学中，用来培养学生的创新创业能力。如服装专业群的团队与广西嘉联丝绸有限公司、东方丝路公司等企业生产技术人员紧密合作，针对企业不同品种、不同茧原料，开展不同工艺、技术条件和操作方法的综合术攻关，取得了良好的效果。

2. 与广西本地纺织科研院所合作，开展产学研活动

2020年，广西纺织工业学校作为合作单位参与广西绢麻纺织科学研究所有限公司的"十三五"广西科技计划项目"广西桑蚕茧丝绸产业转型升级关键技术研发与产业化应用示范"所属课题"桑蚕茧丝绸深加工新技术新产品研发及产业化"，校企双方合作开展茧丝绸深加工新技术研究及新产品开发、技术服务、技术咨询、科技新成果展示，开展新技术产品开发与营销讲座、交流、技术咨询与服务、科技新成果展示活动。该所相关技术专家多次赴学校进行数码印花新技术产品开发与营销的交流，指导纺织技术及营销、染整技术专业的学生进行数码印花作品设计，共同完成该项科技项目。

3. 为广西本地茧丝绸企业进行生产技能提升培训

2020年，在宜州市人社局的指导下，学校组织开展四期河池地区宜州市茧丝绸企业生产技能提升培训班，为广西恒业丝绸公司、宜州茂源丝绸公司、宜州城西常乐茧丝绸有限公司等企业开展缫丝工技能培训，共组织培训3000人次，选派服装专业群团队的教师共20人次。培训内容为缫丝生产工艺、缫丝质量控制、选茧混配茧、煮茧复摇操作以及缫丝防除故障操作和针对并绪与落丝等常见问题

的处理措施等，每期培训本着以企业需求为目标，每到一个企业，都力求能出亮点，帮助企业解决实际问题，做出实效。

4. 与广西本地服装企业合作，开发数码印花丝绸产品

服装专业群团队与广西嘉联丝绸有限公司合作，共同开展运动服产品设计，服装设计与工艺专业师生与企业合作开发了一系列数码印花丝绸产品。在2019中国—东盟职业教育联展上，开发的数码印花丝巾得到泰国教育部官员的高度评价，表示要有进一步的合作意向（图5-1）。

图5-1　泰国教育部官员（中）身披学校开发的瑶王印章丝巾对学校展品点赞

5. 面向东盟，服务"一带一路"建设

与广西经贸职业技术学院合作，与缅甸纺织协会携手，共同开展"衣路工坊"国际交流合作项目，面向缅甸输出广西职业教育标准，为中缅纺织、染整等专业技术人才的合作培养搭建良好平台。"衣路工坊"项目是广西经贸职业技术学院牵头发起的一个以广西服装专业职教联盟为依托，聚集广西纺织服装职业院校以及行业企业的优势师资和实训资源，以"衣"为"路"，伴随纺织服装产业转移东盟，为缅甸、越南等东盟国家的纺织、服装行业技术人才开展技能技术培训工作，推动"广西职教标准"走出去，更好地服务国际陆海贸易新通道建设。2018年8月，缅甸青年代表团赴广西纺织工业学校参观。同年10月，针对缅甸目前对纺织印染生产技术培训的迫切需求，学校专业群团队为其定制编写了《缅甸技术人员技能培训班培训资料》，并携手广西经贸职业技术学院，共同制订纺织、印染部分的课程培训计划及培训班日程安排。2018年11月，广西纺织工业学校接待了天虹纺织集团——天虹染整越南有限公司来学校洽谈越南企业委培留学生等国际合作事宜。2019年9月，学校成功举办了一期"衣路工坊"缅甸青年技术人员染整技能培训班（图5-2），缅甸纺织协会选派的22名来自缅甸服装企业的负责人和技术人员参加了培训。培训内容为棉织物印染加工流程、质量检测、数码印花等，通过基础知识讲解及实操培训，进一步提高了他们的纺织染整技能。

图5-2 成功举办"衣路工坊"缅甸青年技术人员染整技能培训

四、交流推广效果

1. 校企合作，开展技术攻关活动取得良好成效

服装专业群团队与广西嘉联丝绸有限公司生产技术人员紧密合作，针对企业生产的不同品种，不同茧原料，开展不同工艺、技术条件和操作方法的攻关。在

东方丝路公司干茧原料缫丝车间共同进行的综合攻关试验，成功将车速从原来的152提升到到162，现场工人反映缫丝更好实施，煮茧用气量减少，机台运转率提高，车头条吐变细，节能降耗效果提升。此时正值广西茧丝绸行业会员大会以及中国茧丝绸行业年会在宜州召开期间，部分区内同行企业负责人、技术员以及四川丝绸协会嘉宾到现场参观后，都给予了极高的评价。与宜州恒业丝绸公司等合作从选配茧、煮茧和缫丝等关键工序的工艺和技能提升几个方面入手开展攻关试制，从点到面，单组机台到车间，最后大面积铺开，取得了预期效果，吊糙有所减少，丝条条吐变细，运转率有不同程度的提高。

2. *服务企业开展员工培训，提高技能操作水平*

服装专业群团队先后赴宜州缫丝企业开展员工技能培训。在为宜州恒业集团进行缫丝技术培训期间，结合公司技术和生产、原材料条件指导工艺调整和操作培训，干茧缫丝生产现场各机台生产恢复正常，挡车工人开车轻松很多，煮出的茧均匀、白度好，丝胶溶失少，车头条吐变细，缫折和消耗有所降低，减少了吊糙，提高了运转率，得到生产厂长和班组长以及车间挡车工人的肯定。在宜州茂源茧丝公司的车间开展现场培训指导活动，专业教师结合工艺指导、设备调整、操作训练，提出了一套较为可行的煮茧、缫丝、操作等工艺技术方法，有效解决了鲜茧、次茧、下茧的缫丝运转率、毛折、不同庄口茧混配等问题，条吐细少，运转率高。粗略估算每吨白厂丝可以节约300公斤生茧，同时可以达到较好的生丝质量。通过技能培训，为公司解决了实际技术与操作难题，提升了企业的产品质量意识和员工的操作技能水平，帮助企业实现了节能降耗、提高了产品质量。兄弟企业也纷纷到现场参观学习，给予了较高的评价，表示回去以后可以在企业推广应用。

3. *专业链对接产业链，校企共同研发"绣织坊"产品*

近几年，服装专业群与行业、企业合作，依托专业群共享实训基地——织锦工作室+染整数码印花工作室+服装工作室，跨专业联动，实施从产品设计研发—生产工艺—销售陈列展示链式专题实训项目，注册"绣织坊"商标，打造"绣织坊"品牌，先后开发设计了具有民族特色的织锦产品（桌旗、文具、服饰、织锦骨枕、口金包等）、扎染产品（丝巾、茶席、桌布、T恤等），并开发具有广西民族特色的丝绸数码印花产品图案、服饰、家纺产品以及旅游纪念品，使数码印花新技术为广西的丝绸深加工产业发展发挥应有的作用。这些产品多次在东盟职业教育联展及广西民族博物馆展销，在学校的创业搜品廊陈列销售，一些产品还申请了外观专利。产品多次参加广西"三月三"创意集市展，"绣织坊"产品制作体验吸引了大量市民参与，产品销售一空，学生获得了极大的成就感，增强了自信心。跨专业联动实训项目实施进一步深化了专业链与产业链的对接，推进专业群实训课程体系和实训教学模式的改革，提高了学生的创新创业能力。

4. 为本地多家服装企业开展社会服务，美誉享内外

纺织服装产业是广西桂平市传统优势产业，木乐是广西最大的休闲运动服装生产基地，产品畅销全国，远销美洲、非洲及东南亚等国家和地区，在纺织服装领域具有较强的品牌影响力和较高的市场占有率。为了结合当地旅游资源富集优势，打造服装产业发展新业态，运动产业与旅游业融合发展，举办了首届桂平（木乐）国际文化旅游休闲运动服装节，重点进行产品展销、木乐纺织服装产业园区招商引资签约。服装展示与礼仪专业的学生在服装节上展示了企业100多套运动休闲服装，模特们精彩的动态和静态展演（图5-3），赢得了木乐纺织服装产业园区领导以及现场观众的高度赞赏，为促进桂平市今后服装产业转型升级起到了极大的推动作用。

图5-3　服展专业学生为桂平国际文化旅游休闲运动服装节作展演

5. 面向东盟，服务"一带一路"建设，开展国际交流数码印染技术培训

通过海外培训交流，推进"衣路工坊"国际交流合作项目的深入开展，面向缅甸输出广西职业教育标准、开展定制式培训，为中缅纺织、染整等专业技术人才的合作培养搭建良好平台。下一步，双方在教学资源共享、人才培养、职业资格证书培训和短期文化交流方面将会继续深入开展合作。

五、结语

通过学校与行业、企业三方的共同努力，服装专业群坚持以市场为导向，与区域纺织服装产业链开展有效对接，以共同利益需求为核心，以资源融合为保障，共同搭建多维平台，深入推进校企共建共享与交流，实现优势互补，促进学校和企业共同发展，有效提高人才培养质量，项目驱动给企业的技术革新注入了活力，提升了企业市场竞争力，提高了教师的研发能力，形成产学联动的良性循环，促进校企合作良性发展。

模块六
服装设计与工艺专业群
运行管理研究

校政行企参与共建的服装设计与工艺专业群建设机制研究

我国中职教育逐渐以规模发展为主转入以质量提升为主的发展阶段，把工学结合作为中等职业教育人才培养模式改革的重要切入点，这是我国中等职业教育理念的重大变革。工学结合是一种在"校政行企"四方联动下，以"深化校企合作、融入专业教育、加强实践实战"三种模式交融的人才培养模式，充分发挥教育的合力，丰富教育的形式和方法，对中职院校培养学生职业素质的发展、提升学生就业竞争力，培养学生创新创业能力具有重要的意义。

广西纺织工业学校是西南地区唯一一所纺织类中职学校，纺织、染整、服装专业开办二十多年，近三年在校生人数1000多人，是广西乃至全国规模较大的中职纺织服装专业群，虽然集中广西纺织服装业的大批高级技术人才，但是原有专业群建设机制的培养模式已不能满足各工业园产业链的需求，所以要进行探索和创新。本文将结合广西纺织工业学校的服装设计与工艺专业及专业群建设，探索吻合产业发展的专业群设置机制，共同探索"校政行企"参与共建的专业群建设机制的方法。

一、校政行企参与共建专业群的优势

（1）政府作为组织和管理者参与专业群建设，不仅有利于增强合作各方的积极性，还有助于为校企合作创造良好的社会条件和政策环境。政府在政策、法律法规等方面的支持，可以确保共建专业群合作的有序、有效运转，提高建设成效。

（2）纺织服装等相关的行业协会对于专业群共建和运行的作用也日益突出。成熟的行业协会对于校企共建专业群具有重要意义。行业协会虽然不是行业、企业的领导组织，但具有一定程度的规范和引导功能，是行业内各企业组织的代言人、协调者或规划者。行业协会常常代表着该行业领域的专业力量，对于行业发展有着重要影响。在共建过程中，得到行业协会的助力，在一定程度上可以减少合作中来自企业的阻力；也可以通过行业协会的中介作用合理选择合作企业，优化合作质量，提升共建专业群的内涵与水准。

（3）校政行企共建共享有利于专业群人才培养质量的提高。推动"校政行企"共同制定人才培养方案，确定人才培养目标、培养规格，拟定课程体系，开发课程。共同组建教学团队，聘任行业企业的专家担任专业带头人，形成双专业带头人；成立校外专业教研室，聘任行业企业的专家担任教研室主任；聘任行业企业专家或工程技术人员担任教学班辅导员，共同完成教学过程、教学质量控制，共同完成顶岗实习监控及考核评价。共同建设实习实训基地，利用学校现有土地、厂房，由企业出资共建生产场地、学生技能实训基地和企业员工培训基地；利用企业施工场地建立教学性施工区域，承担部分实践教学。

二、校政行企共建专业群建设机制的内容

1. 共建专业群人才培养机制

组建政府指导、行业牵线、学校牵头、企业参与的共建模式，搭建校政行企合作发展平台，完善合作育人的机制。以专业群建设为动力，建立专业教师到企业顶岗实践，企业技术专家、能工巧匠到学校任教、政府提供项目和经费、行业为校企提供项目信息等多向交流机制。结合专业群推进双师素质建设，实现专业教师与企业技能专家的深度合作与互动。

2. 共建专业群互利共赢，形成社会服务长效机制

营造企业广泛参与、互利共赢、合作发展的良好环境。发挥人力资源优势，以服务企业换取企业支持，实现合作共赢；以组建企业教育培训中心为契机，提升社会服务能力，夯实校企合作基础；完成政府下达的行业、产业各项任务目标，争取政府更多的政策支持，促进校企合作的深度融合和稳定发展，为校企紧密合作长效机制的建立提供动力支持。

3. 建立专业群运行保障机制

建立合作企业的准入、考核机制。符合地区重点产业发展规划、有稳定的高技能人才需求的企业可以享受多样的冠名形式加入；对合作企业开展年度考核，完成预定目标的企业予以表彰与奖励。

完善共建专业群各方的沟通协调机制。探讨各方在发展中存在的问题，商议解决办法，保障各方在办学、人才培养、社会服务、培训、产品研发、技术转让、成果共享等方面的权益。

三、共建专业群机制的创新点

1. 创新共建专业群合作机制的模式

建立政府引线，行业协会牵头，企业和学校落实和实施的创新专业群模式，政府在政策和资金扶持等方面具有引领和指导优势与作用，行业协会则具有行业、专业、发展方向等方面的资源与优势，企业是专业群建设的主要场所和硬件提供者，学校则是整个专业群建设机制的主要实施与落实的主体。

2. 校政行企共建专业群互利共赢，形成社会服务长效机制

当前行业协会虽有各类企业会员单位，但也存在相关的组织与管理运行机构，日常运转和经费支出。共建专业群机制，就要兼顾校政行企四方的互利共赢，才能保证共建机制与合作的可持续发展。

（1）发挥人力资源优势，以服务企业换取企业支持，实现合作共赢。

（2）以共建专业群为契机，提升服务社会、服务企业的能力，夯实校企合作基础。

（3）与行业共建共赢，为行业提高一定的创收，共赢互惠，为行业的正常运转提供经费创收来源。

（4）利用专业群建设的平台，通过为行业、企业开展人才培训、技能提升等方式，为行业进步与产业发展作贡献打基础，完成政府对行业下达的相关目标任务，争取政府部门更多的政策支持，有效促进合作共建的深度融合和稳定发展，为校企紧密合作长效机制的建立提供动力支持。

3. 拓展服务区域产业功能，构建社会服务机制

（1）完善社会服务机制。改革培训运行管理办法，构建培训工作的良性机制，面向行业企业开展企业项目攻关，健全培训质量管理及保障体系，形成多功能的服务架构和组织体系。

（2）提升服务行业、产业及企业的能力。发挥通过专业群建设成的职业技术教育实训基地、职业技能鉴定所等机构的作用，多形式地为区域内行业企业提供技术服务，实现优势互补、优质资源共享，增强优质职教资源的辐射和服务功能。

（3）多途径拓展社会服务能力。搭建志愿服务平台，建立选拔、培训、管理、考核、评优等管理规章制度，形成良性运行的长效机制。搭建对口支援平台，在对口支援学校教师来访、科研课题指导、精品课程建设、学生联合培养等

方面开展广泛交流，充分发挥骨干院校建设成果的辐射作用。

四、共建专业群机制的对策与措施

1. 以专业群校企合作为基础做好合作企业的引入与确立工作

（1）引入的企业应当具有良好的经营资质和经营质态，能够在校企合作共建过程中提供所需的硬件资源，持续稳定发挥作用；

（2）企业的业态和具体经营内容应当和学校专业群的相关专业接近，能够在共建过程中使学校和企业寻找到合适的契合点。

（3）企业最好具有一定的创新意识和创新管理理念，以便给学生的创新精神和创新能力带来更多有益的熏陶。

2. 以专业群校企合作为基础建立意向企业信息库

系统掌握企业实际情况，及时、准确地进行对接。

（1）做好共建机制体系建设工作。要建立一套符合校企合作共建专业群战略定位和实际需要的制度体系，能够有效涵盖共建过程中的各个环节，如对人才培养方案的合作制订，对人才培养过程的共同参与，对人才能力评估的双向联动等，使得校企合作共建专业群能够具有有效的制度体系作为支撑。

（2）抓好实习基地的筹建质量和进度管理。和企业加强共同研究和协商，基于学校培养人才的要求和企业实际情况，不断优化实习基地的管理方法，梳理各种软硬件设施的基本要求，明确人才培养的内容和流程，通过抓好各个主要环节，进一步提升人才培养质量。

（3）做好对人才的后续就业推动工作。充分利用在校企合作过程中建立起来的人脉、资源，通过推荐，为学生提供信息，积极鼓励企业进行实习人才的留置，为学生不断拓宽就业渠道。

3. 以专业群校企合作为基点加强师资队伍建设

在校政行企合作共建专业群的实施过程中，教师的教育水平直接影响项目实施的效果和学生的成长效果。因此，要加强师资队伍建设。

（1）加强对校企合作共建指导教师的选拔工作，重点倾向于理论知识、实践经验、实战技巧都比较高的教师，要求其不但要具备丰富的理论知识，而且要具备比较丰富的实践管理经验，还要具备对学生实践的组织指导和评估能力。

（2）重视对教师队伍的管理工作，建立起条理清晰、程序规范的教师队伍管理机制，进一步规划管理工作，明确对指导教师的考察、选拔流程和任用、退出机制，做好教师队伍的建设工作，确保教师队伍满足要求。

4. 进一步完善校政行业共建专业群机制建设体系

（1）完善合作共建的组织机构。由政府或教育、行政主管部门发起，行业协会、企业、学校共同参与，研讨制定明确的共建章程及运行机制，规范明确各利益相关方的责任、权利、义务以及行为准则，制定合作规划和年度工作计划，协调校企双方在场地、资金、信贷、产权等方面的关系，组织签订三方合作协议，建立稳定长效的联络机制，并在学校和企业设立对应的组织机构。

（2）完善共建的机制和制度。在政府指导下，逐步建立和完善校行企合作的相关法规、规范、条例，以此推动共建合作良性的运行机制，努力破解由于法规支持不足、运行机制不畅、行业及企业与学校权利义务不清等困扰共建合作的难题。

（3）在行业、产业规划的基础上，制定校行企合作改革方向、发展目标、战略规划等相关政策，完善合作的宏观保障机制。

（4）政府部门组织财政、税务、工商、劳动保障等部门在税收、费用减免、财政补贴等方面对校企共建的专业群，包括企业接受师生实习实训，企业与学校共建实训基地，企业向学校捐赠实训设备等方面制定优惠政策，完善校企合作的激励机制。

（5）共同制定一系列共建合作的具体运行办法，完善校企合作共建的监督机制。突出科技创新、专业建设、技能教学、就业导向、综合效益的评估导向，以专业群为纽带，开展招生就业、专业建设、师资培养、员工培训、实习实训等方面的协作，完善校企合作的互动机制。

（6）建立专业群信息平台。建立数据集散中心，形成信息共享平台。确保学校专业群建设与行业、产业紧密联合，推进各方信息共享、资源互补。拓宽专业群公共信息平台的服务功能，增强社会适应性，充分发挥其对校企合作的导向作用。使其成为各方进行信息交换、数据分析、政策协商、战略规划、效益评估等的场所，是一个立体化、综合化的服务平台。具有较强的培训和教学功能，具有较完善的科研开发条件，具有一定的职业技能鉴定资格及政府颁发的功能，增强学校的社会服务职能，扩大社会效益。

（7）建成寻找合作项目的服务平台。依托专业群相关的实训室、实训基地、教师工作室等，形成服务企业的平台，提高引进技能培训、研发、技术服务、专利转化效益等项目。

五、结语

在中职服装设计与工艺专业及专业群的建设中倡导校政行企四方联动长效机制，加强对课程体系、教学内容、教学方法、实训平台等进行探索，可以使学生的职业精神、文化素养、技术技能得到显著提升，使教学团队中教师的教学、科研学术水平得到显著提高，使参与企业的社会效益、经济效益主动性得到显著增长。

工学结合是中等职业教育人才培养模式的重大创新和深刻变革，"校政行企"四方联动下的人才培养模式将有助于增强学生的专业能力，有助于培养学生良好的职业素质，有助于提升学生的职业能力和就业竞争力，有利于进一步增强学生竞聘优质岗位的"软实力"。